C.L.

MW01708967

1000 exercices de calcul mental

CE_2 - CM

Livret complémentaire pour le maître

Janine Leclec'h-Lucas
Professeur des Écoles

Jean-Claude Lucas
Professeur des Écoles

Jérôme Rosa
Instituteur

hachette
ÉDUCATION

Maquette intérieure : Évelyne Brossier
Maquette de couverture : Atelier Gérard Finel, Paris
Mise en page : Christiane Bourbon

Pour Hachette Éducation, le principe est d'utiliser des papiers composés de fibres naturelles, renouvelables, recyclables, fabriquées à partir de bois issus de forêts qui adoptent un système d'aménagement durable.
En outre, Hachette Éducation attend de ses fournisseurs de papier qu'ils s'inscrivent dans une démarche de certification environnementale reconnue.

ISBN : 978-2-01-116401-8

43, quai de Grenelle, F 75905 Paris cedex 15

Avant-propos

Ce livre du maître de l'ouvrage *1 000 exercices de calcul mental* propose, séquence après séquence, la correction des exercices du livre de l'élève.

On trouvera également, pour chaque séquence :
– **Une piste de départ.** Chaque enseignant pourra bien évidemment utiliser toute autre situation en rapport avec la vie de sa classe. Quelques séquences, par exemple celles relevant de l'apprentissage des tables de multiplication, ne proposent pas de piste de départ spécifique.
– **Une partie destinée à être dictée par le maître.** Elle propose d'appliquer la ou les démarches étudiées à travers la piste de départ. Les opérations sont suffisamment simples pour ne pas nécessiter de visualisation. Cette activité nous semble être le préalable au travail à effectuer ensuite avec le support du livre de l'élève.
Cette dictée pourra être faite une seconde fois en commençant, par exemple, par la fin de chaque série, avant de poursuivre plus avant.
– **Une partie « évaluation »** permet de vérifier l'acquisition des connaissances.

Sommaire

1 Identifier

Identifier le chiffre des dizaines, des centaines, des milliers

Piste de départ

L'altitude du mont Blanc est de 4 810 mètres au-dessus du niveau de la mer.

Dictée

On pourra faire varier la consigne.
Relève le chiffre des unités, des dizaines…

série 1	série 2	série 3	série 4	série 5
127	213	379	4 021	1 204
39	1 038	2 715	214	12 004
872	46	5 642	1 045	120 424
346	825	163	3 107	2 401
538	1 236	1 325	5 630	24 104

Corrigés du livre de l'élève (p. 10)

1 **a)** 5 721 **b)** 1 801 **c)** 1 474 **d)** 9 369

2 **a)** 7 439 **b)** 9 845 **c)** 2 065 **d)** 3 649

3 **a)** 1 428 **b)** 8 971 **c)** 1 751 **d)** 1 120

4 5**1**7(d) – 36**8** (u) – **2**18 (c) – 1 **0**39 (c) – 5 21**4** (u) – 1 **2**40 (c) – 3 2**6**3 (d) – 1**7**4 (d) – 2 **1**86 (c) – 32**1** (u)

5 **a)** 3 168 **b)** 4 962 **c)** 9 874 **d)** 3 073

6 **3**78 (c) – 3**8** 900 (m) – 1 70**2** (u) – 1 **9**34 (c) – 32**7** (u) – 45 **8**50 (c) – **6** 301(m) – 1**3**9 (d) – 4 **1**22 (c) – 2**1** 345 (m)

7 Mehdi

Évaluation

1. Dans chacun des nombres ci-dessous, recopie le chiffre des milliers afin de former un nombre de 4 chiffres.
3 268 – 34 572 – 632 106 – 1 942

2. Dans chacun des nombres ci-dessous, recopie le chiffre des unités afin de former un nombre de 4 chiffres.
324,56 – 0,69 – 2,841 – 1 893,25

3. Dans chaque nombre, indique ce que représente le chiffre en gras.
4**5**4 – 1**6**,87 – **4**9,45 – **2**06,80 – **3** 259,65

Corrigés de l'évaluation

1. 3 421
2. 4 023
3. 4**5**4 (d) – 1**6**,87 (u) – **4**9,45 (d) – **2**06,80 (c) – **3** 259,65 (m)

Identifier le chiffre des unités, des dixièmes, des centièmes

Piste de départ

Aux États–Unis, le gallon est une mesure de capacité qui équivaut à 3,875 litres.

Dictée

On pourra faire varier la consigne.
Relève le chiffre des unités, des dixièmes…

série 1	série 2	série 3	série 4
248	45,02	64,201	56,37
3,62	165,20	3,02	14,173
105,37	3,215	25 630,25	0,06140
213	0,39	15,69	3 237,45
0,16	4,18	7,408	150,98

Corrigés du livre de l'élève (p. 11)

8 **a)** 2 210 **b)** 6 508

9 **a)** 8 633 **b)** 3 658 **c)** 2 980 **d)** 5 943

10 24 – 12 – 72 – 25 – 24 – 48 – 74 – 94 – 45 – 52

11 14 – 90 – 68 – 54 – 40 – 90 – 29 – 87 – 96 – 85

12 1**8**,4 (u) – 3**6**2,29 (d) – 37,**4**6 (dixièmes) – 31**2**,96 (u) – 207,**3** (dixièmes) – **0**,26 (u) – **1** 468 (m) – 3**4**,56 (u) – 5,2**0**1 (centièmes) – 6**6**5,8 (d)

13 1,05 (dixièmes) – 85 632 (c) – 96,58 (u) – 0,65 (centièmes) – 995,40 (d) – 458,23 (u) – 45,823 (dixièmes) – 45 823 (c) – 4 582,3 (d) – 4,5823 (centièmes)

14 l'année 1900

ÉVALUATION

1. Dans chacun des nombres ci-dessous, recopie le chiffre des centièmes afin de former un nombre de 4 chiffres.
69,48 – 201, 591 – 0,596 – 32,104
2. Dans chacun des nombres ci-dessous, recopie le chiffre des unités afin de former un nombre de 4 chiffres.
1 023,89 – 452,3 – 0,54 – 40 236,189
3. Dans chaque nombre, indique ce que représente le chiffre en gras.
– 55,46 – 154,23 – 4 895,132 – 5,107 – 895,99

Corrigés de l'évaluation
1. 8 990
2. 3 206
3. 55,46 (unités) – 154,23 (centaines) – 4 895,132 (centièmes) – 5,107 (dixièmes) – 895,99 (centièmes)

Donner le nombre de dizaines, de centaines, de milliers

PISTE DE DÉPART

Le système numérique que nous utilisons aujourd'hui a été inventé en Inde il y a environ 1 400 ans puis introduit en Europe par les Arabes.

DICTÉE

On pourra faire varier la consigne. Indique le nombre de dizaines, de centaines...

série 1	série 2	série 3	série 4
125	2 369	201	26 289
27	362	42 123	4 805
2 569	31 014	109 362	56 000
8 645	9 800	1 763	302 750
856	24 690	56 740	81 258

CORRIGÉS DU LIVRE DE L'ÉLÈVE (P. 12)

15 12 – 685 – 51 – 81 – 9
40 – 136 – 4 – 77 – 860

16 16 – 8 – 1 450 – 65 – 135
3 216 – 8 790 – 163 – 40 – 916

17 8 – 13 – 362 – 23 – 9
213 – 49 – 4 231 – 562 – 63

18 1 162 – 6 – 12 – 320 – 164
2 – 2 152 – 456 – 14 – 113

19 21 – 5 – 165 – 89 – 4
337 – 8 – 457 – 47 – 208

20 2 408 – 7 520 – 96 263 – 963 – 895 460
16 234 – 8 962 – 482 000 – 601 950

21 16 milliers de coureurs

22 4 400 milliers

23 3 350 centaines

ÉVALUATION

1. On pourra faire varier la consigne. Indique le nombre d'unités, de dizaines...
45 236 – 9 534 – 879 – 12 000 – 63 400 – 5 420 281 – 5 604 – 133 604 – 80 362 521 – 57 665
2. La ville de Bordeaux compte environ 215 000 habitants. Combien de centaines de personnes vivent à Bordeaux ?
3. L'Égypte a une superficie de 1 001 449 km^2. La superficie de l'Égypte est de : plus de 10 milliers de km^2 ? Plus de 100 milliers de km^2 ? plus de 1 000 milliers de km^2 ?

Corrigés de l'évaluation
1. Correction en fonction de la consigne donnée.
2. 2 150 centaines de personnes vivent à Bordeaux.
3. La superficie de l'Égypte est de plus de 1 000 milliers de km^2.

Écrire le nombre précédent, le suivant (1)

Piste de départ

Il existe environ 6 000 espèces de reptiles.

Dictée

série 1 (suivant)		série 2 (suivant)	
109	110	369	370
489	490	4 029	4 030
799	800	4 329	4 330
1 909	1 910	7 809	7 810
1 099	1 100	4 999	5 000
1 999	2 000	7 989	7 990
879	880	5 199	5 200
1 009	1 010	3 099	3 100
2 919	2 920	5 709	5 710
2 899	2 900	3 919	3 920

série 3 (précédent)		série 4 (précédent)	
499	500	3 209	3 210
409	410	4 499	4 500
1 199	1 200	6 999	7 000
2 079	2 080	3 099	3 100
1 489	1 490	7 019	7 020
1 009	1 010	8 599	8 600
2 899	2 900	7 039	7 040
2 999	3 000	4 299	4 300
1 099	1 100	2 989	2 990
1 709	1 710	8 009	8 010

Corrigés du livre de l'élève (p. 13)

24 a) 320 – 7 000 – 7 010 – 4 520 – 3 100
b) 3 700 – 17 010 – 5 720 – 8 100 – 3 000

25 a) 14 910 – 12 900 – 18 000 – 9 210 – 15 100
b) 22 790 – 22 010 – 20 220 – 23 000 – 20 900

26 a) 299 – 2 549 – 7 799 – 6 009 – 4 999
b) 33 609 – 2 699 – 9 089 – 21 399 – 11 099

27 a) 40 999 – 40 099 – 41 109 – 40 009 – 39 999
b) 24 399 – 2 709 – 12 989 – 38 899 – 20 099

28 11 999 – 12 000 – 12 001
89 598 – 89 599 – 89 600
54 099 – 54 100 – 54 101
6 998 – 6 999 – 7 000
45 899 – 45 900 – 45 901

29 3 100ᵉ **30** 13 999 €

31 9 000 litres **32** 210 os

Évaluation

1. Écris le nombre qui précède chacun des nombres donnés.
a) 7 000 – 6 900 – 19 900 – 30 010 – 28 000
b) 26 500 – 23 000 – 39 090 – 21 000 – 59 990

2. Écris le nombre qui suit chacun des nombres donnés.
a) 899 – 7 099 – 56 999 – 9 009 – 50 099
b) 16 999 – 19 009 – 28 309 – 119 999 – 10 999

3. Encadre chacun de ces nombres par le nombre précédent et le suivant.
11 000 – 83 699 – 59 100 – 31 999 – 909 000

Corrigés de l'évaluation

1. a) 6 999 – 6 899 – 19 899 – 30 009 – 27 999
b) 26 499 – 22 999 – 39 089 – 20 999 – 59 989
2. a) 900 – 7 100 – 57 000 – 9 010 – 50 100
b) 17 000 – 19 010 – 28 310 – 120 000 – 11 000
3. 10 999 – 11 000 – 11 001
83 698 – 83 699 – 83 700
59 099 – 59 100 – 59 101
31 998 – 31 999 – 32 000
908 999 – 909 000 – 909 001

Écrire le nombre précédent, le suivant (2)

Piste de départ

L'odorat du chien est très développé. Un chien peut en effet mémoriser 100 000 odeurs.

Dictée

série 1 (suivant)		série 2 (précédent)	
17 999	18 000	23 999	24 000
21 899	21 900	13 099	13 100
23 000	23 001	22 009	22 010
104 999	105 000	13 999	14 000

série 1 (suivant)		série 2 (précédent)	
35 600	35 601	26 899	26 900
46 099	46 100	18 099	18 100
22 999	23 000	2 799	2 800
86 009	86 010	47 989	47 990
71 999	72 000	39 699	39 700
10 999	11 000	41 899	41 900

série 3 (suivant)		série 4 (précédent)	
89 049	89 050	62 999	63 000
79 999	80 000	60 299	60 300
94 089	94 090	9 089	9 090
19 998	19 999	9 899	9 900
302 699	302 700	98 999	99 000
43 009	43 010	19 999	20 000
60 999	61 000	20 019	20 020
55 599	55 600	72 999	73 000
18 899	18 900	7 029	7 030
9 099	9 100	69 999	70 000

Corrigés du livre de l'élève (p. 14)

33 a) 93 000 – 90 100 – 90 000 – 79 100 – 62 091
b) 11 920 – 29 010 – 20 000 – 9 910 – 84 200

34 a) 164 000 – 160 900 – 169 010 – 169 901 – 165 600
b) 478 000 – 480 000 – 489 910 – 491 000 – 500 000

35 a) 53 199 – 96 889 – 34 899 – 49 989 – 20 699
b) 92 099 – 34 999 – 453 999 – 80 899 – 359 009

36 a) 430 999 – 401 299 – 399 999 – 450 009 – 499 899
b) 124 499 – 3 027 999 – 1 159 999 – 519 899 – 2 000 989

37 789 298 – 789 299 – 789 300
1 013 999 – 1 014 000 – 1 014 001
559 999 – 560 000 – 560 001
31 299 998 – 31 299 999 – 31 300 000
149 908 – 149 909 – 149 910

38 Maxime : 29 900 points
Zoé : 21 000 points
Clara : 20 000 points
Elvis : 19 100 points

39 1 099 999 – 1 100 000 – 1 100 001
7 099 – 7 100 – 7 101
34 999 – 35 000 – 35 001
7 999 – 8 000 – 8 001
30 699 999 – 30 700 000 – 30 700 001

40 550 000 km²

Évaluation

1. Écris le nombre qui précède chacun des nombres donnés.
a) 624 000 – 52 100 – 189 900 – 500 010 – 239 000
b) 1 569 700 – 59 000 000 – 201 000 – 2 016 000 – 3 000 900

2. Écris le nombre qui suit chacun des nombres donnés.
a) 909 999 – 459 009 – 19 999 – 269 899 – 456 099
b) 5 989 999 – 2 099 999 – 1 009 999 – 154 000 999 – 1 019 999

3. Encadre chacun de ces nombres par le nombre précédent et le suivant.
1 151 999 – 8 519 000 – 2 319 000 – 49 000 999 – 9 009 009

Corrigés de l'évaluation

1. a) 623 999 – 52 099 – 189 899 – 500 009 – 238 999
b) 1 569 699 – 58 999 999 – 200 999 – 2 015 999 – 3 000 899
2. a) 910 000 – 459 010 – 20 000 – 269 900 – 456 100
b) 5 990 000 – 2 100 000 – 1 010 000 – 154 001 000 – 1 020 000
3. 1 151 998 – 1 151 999 – 1 152 000
8 518 999 – 8 519 000 – 8 519 001
2 318 999 – 2 319 000 – 2 319 001
49 000 998 – 49 000 999 – 49 001 000
9 009 008 – 9 009 009 – 9 009 010

Comparer deux nombres entiers

Piste de départ

Le plus haut sommet d'Amérique du Sud, l'Aconcagua, culmine à 6 960 mètres.

Le plus haut sommet d'Amérique du Nord, le mont McKinley, culmine à 6 187 mètres.

Dictée

Recopie uniquement le plus grand des deux nombres proposés.

série 1		série 2		série 3	
717	720	1 045	1 100	13 024	11 968
509	492	3 724	3 694	42 312	50 000
999	1 001	2 209	2 010	9 794	10 027
699	703	8 767	8 800	21 112	19 900
1 217	1199	5 642	4 999	87 995	100 010

Corrigés du livre de l'élève (p. 15)

41 800 – 509 – 903 – 547 – 1 100

42 14 000 – 5 308 – 4 294 – 2 818 – 7 500

43 1 295 – 7 046 – 30 100 – 46 464 – 70 555

44 23 786 – 42 444 – 15 350 – 9 897 – 54 845

45 le plus long : Zaïre, 4 640 km ;
le plus court : Yukon, 2 554 km.

46 la plus étendue : Ellesmere 200 445 km^2 ;
la moins étendue : Ceylan : 65 607 km^2.

47 les bruns

Évaluation

À l'aide de ce tableau, qui t'indique les distances en km séparant quelques grandes villes du monde, retrouve les trois plus grandes, puis les trois plus courtes distances, et indique quelles sont les villes concernées.

	Bombay	Le Caire	Le Cap	Los Angeles	Paris	Rio de Janeiro	Sidney
Bombay		4 317	8 213	14 096	7 026	13 051	10 080
Le Caire	4 317		7 152	12 280	3 232	9 988	14 240
Le Cap	8 213	7 152		16 264	9 220	6 160	11 023
Los Angeles	14 096	12 280	16 264		9 138	10 128	11 920
Paris	7 026	3 232	9 220	9 138		9 136	16 802
Rio de Janeiro	13 501	9 988	6 160	10 128	9 136		13 480
Sidney	1 0 080	14 240	11 023	11 920	16 802	13 480	

Corrigés de l'évaluation

16 802 km : Paris → Sidney
16 264 km : Los Angeles → Le Cap
14 240 km : Sidney → Le Caire

3 232 km : Paris → Le Caire
4 317 km : Le Caire → Bombay
6 160 km : Rio de Janeiro → Le Cap

Trouver l'entier le plus proche d'un décimal

Piste de départ

À leur naissance, Léa pesait 3,250 kg et Tom 3,875 kg.

On rappellera : si la partie décimale est supérieure à 5 dixièmes, on arrondit à l'entier supérieur ; si la partie décimale est inférieure à 5 dixièmes, on arrondit à l'entier inférieur.

Dictée

Arrondis chacun des nombres proposés au nombre entier le plus proche.

série 1		série 2		série 3	
5,3	5	8,23	8	31,18	31
6,8	7	12,46	12	149,58	150
9,21	9	15,67	16	377,42	377
4,75	5	304,2	304	216,67	217
12,7	13	77,19	77	1 086,24	1 086
26,9	27	94,8	95	813,48	813
16,38	16	36,402	36	136,57	137
7,79	8	43,81	44	414,6	415
86,2	86	467,6	468	379,71	380
61,37	61	127,23	127	499,2	499

Corrigés du livre de l'élève (p. 16)

48 4 – 8 – 10 – 10 – 13 – 16 – 20 – 27 – 34 – 42

49 98 – 214 – 60 – 376 – 75 – 809 – 64 – 427 – 82 – 279

50 4 – 743 – 8 – 301 – 12 – 39 – 620 – 352 – 718 – 49

51 536 – 973 – 1 347 – 2 420 – 464 – 204 – 368 – 524 – 1 205 – 864

52

alimentation	750 €
vêtements	205 €
voiture	487 €
impôts	637 €
eau, électricité, tél.	177 €
sorties, loisirs	304 €

53

mi–mouche	48 kg	super–plume	59 kg
mouche	51 kg	léger	61 kg
coq	54 kg	super–léger	64 kg
plume	57 kg	mi–moyen	67 kg

54 1534

Évaluation

1. Indique le nombre entier le plus proche de chacun de ces nombres décimaux.
63,8 – 78,96 – 5,47 – 19,63 – 5,7 – 2,1 – 15,37 – 63,22 – 60,97 – 214,25

2. Indique le nombre entier le plus proche de chacun de ces nombres décimaux.
159,456 – 2,212 – 951,14 – 56,09 – 79,451 – 0,67 – 10,114 – 844,9 – 457,184 – 1,369

3. Le plus grand de ces nombres, arrondi à l'entier le plus proche, te donnera le nombre d'espèces que compte le famille des arachnides (les araignées).
40 999,85 – 119,856 – 49 999,53 – 8 919,698 – 39 549,69

Corrigés de l'évaluation

1. 64 – 79 – 5 – 20 – 6 – 2 – 15 – 63 – 61 – 214

2. 159 – 2 – 951 – 56 – 79 – 1 – 10 – 845 – 457 – 1

3. 50 000 familles

Comparer deux nombres décimaux

Piste de départ

Vitesse de déplacement (en km/h) : araignée : 12 ; boa : 0,35 ; aï (paresseux) : 0,16 ; escargot : 0,005 ; tortue : 0,25

On rappellera : 15,2 > 15,19 car dans 15,2 il y a 15 unités et 2 dixièmes ; dans 15,19 il y a 15 unités, 1 dixième et 9 centièmes → 15,2 = 15,20

Dictée

La consigne peut varier. Indique le plus grand nombre ; indique le plus petit nombre.

série 1		série 2		série 3 (indique les nombres égaux)	
18	18,4	81,65	82,54	17,6	17,62
7,2	7,3	4,19	4,3	2,30	2,3
12,45	12,4	5,52	5,502	2,03	2,3
8,9	12,3	45,6	45,55	63,2	63,200
52,5	5,25	9,12	9,125	6,7	6,69
4,18	4,2	32,9	33,41	14,8	14,08
8,63	8,8	85,18	85,7	12,63	12,630
4,3	4,25	9,8	9,71	2,40	2,4
6,14	6,10	42,6	42,59	35,4	35,04
9,58	9,6	8,13	8,124	63,6	63,600

Corrigés du livre de l'élève (p. 17)

55 15,3 – 8,52 – 20,74 – 5,4 – 18,02

56 17,3 – 23,8 – 12 – 6,3 – 13,4

57 (19,1 – 19,10) – (36,3 – 36,300)

58 22,3 – 47,74 – 51,803 – 7,023 – 34,17

59 20,64 – 16,64 – 42,8 – 35,9 – 9,632

60 204,19 – 368,39 – 523,79 – 1 205,87 – 863,59

61 762,54 – 1 319,518 – 914,200 – 3 405,90 – 517,64

62 Alice

63 537, 99 €

64 Sarah : 7,6

Évaluation

1. Pour chaque couple de nombres, recopie uniquement le plus petit.
(37,2 – 37,02) – (51,123 – 50,7) – (46,18 – 46,4) – (18,61 – 18,365) – (7,15 – 7,02)

2. Pour chaque couple de nombres, recopie uniquement le plus grand.
(564,21 – 564,3) – (326,214 – 325,900) – (84,215 – 84,63) – (1 542,9 – 1 542,095) – (43,15 – 43,115)
3. On a relevé le prix du même téléviseur dans plusieurs magasins différents. Quel est le prix le plus intéressant ?
457,35 € – 459 € – 456,59 € – 456,75 €
4. Compare les distances parcourues pour trouver lequel de ces escargots a remporté la « course des Bicornes ».
Gédéon : 27,42 cm – Alfred : 27,8 cm – Clothaire : 26,99 cm – Childéric : 27,53 cm

Corrigés de l'évaluation
1. 37,02 – 50,7 – 46,18 – 18,365 – 7,02
2. 564,3 – 326,214 – 84,63 – 1 542,9 – 43,15
3. 456,59 €
4. Alfred : 27,8 cm

Convertir des durées

Piste de départ

Possible ou impossible ? Alice, élève de CM1, est âgée de 108 mois.

Dictée

Série 1 : convertis en secondes ;
série 2 : convertis en minutes et secondes ;
série 3 : convertis en heures et minutes ;
série 4 : convertis dans l'unité supérieure.

série 1	série 2	série 3	série 4
1 min et 4 s	68 s	65 min	30 heures
3 min et 7 s	73 s	75 min	50 heures
5 min	100 s	102 min	10 jours
2 min et 18 s	130 s	80 min	240 heures
4 min et 30 s	182 s	128 min	23 jours

Corrigés de la dictée
série 1 : 64 s – 187 s – 300 s – 138 s – 270 s
série 2 : 1 min et 8 s – 1 min et 13 s – 1 min et 40 s – 2 min et 10 s – 3 min et 2 s
série 3 : 1 h et 5 min – 1 h et 15 min – 1 h et 42 min – 1 h et 20 min – 2 h et 8 min
série 4 : 1 j et 6 h – 2 j et 2 h – 1 semaine et 3 j – 10 jours – 3 semaines et 2 j

Corrigés du livre de l'élève (p. 18)

65 **a)** 3 h et 10 min = 190 min
2 min et 30 s = 150 s
1 semaine et 5 jours = 12 j
4 h et 50 min = 290 min
b) 2 heures et demie = 150 min
trois quarts d'heure = 45 min
2 j et 2 h = 50 h
un quart d'heure = 15 min
c) 4 min et 12 s = 252 s
4 semaines et 3 jours = 31 j
65 s = 1 min et 5 s
22 jours = 3 semaines et 1 j
d) 50 heures = 2 j et 2 h
137 min = 2 h et 17 min
72 h = 3 j
1 semaine et 6 jours = 13 j

66 250 min – 1 h 05 min – 148 s – 5 semaines – 1 min 35 s

67 (3 min – 180 s) – (1 jour et 12 h – 36 h)

68 Lucille (138 s)

69 Théo (1 h 24 min 54 s)

70 chez ses grands–parents (3 semaines et 3 jours)

71 6 heures

Évaluation

1. Effectue les conversions ci–dessous.
130 s = … min et … s
190 min = … h et … min
2 h et 10 min = … min
5 min et 7 s = … s
37 h = … j et … h
2. Pour chacune des durées en gras, choisis la durée équivalente parmi la liste proposée.
84 s – 2 j et 8 h – 1 semaine et 4 jours – 1 min et 18 s – 60 h
78 s – 1 min et 14 s – 88 s – 11 j – 2 j et 12 h – 56 h – 2 j et 10 h – 58 h – 1 min et 24 s – 12 j

Corrigés de l'évaluation

1. 130 s = 2 min et 10 s
190 min = 3 h et 10 min
2 h et 10 min = 130 min
5 min et 7 s = 307 s
37 h = 1 j et 13 h

2. 84 s	1 min et 24 s
2 j et 8 h	56 h
1 semaine et 4 jours	11 j
1 min et 18 s	78 s
60 h	2 j et 12 h

Arrondir un nombre

Piste de départ

Ce dictionnaire comporte 124 892 définitions.

Dictée

Série 1 : arrondis à la dizaine supérieure ; **série 2** : arrondis à la centaine supérieure ; **série 3** : arrondis au millier le plus proche.

série 1		série 2		série 3	
84	90	546	600	1 315	1 000
158	160	1 569	1 600	9 714	10 000
364	370	2 845	2 900	5 126	5 000
95,4	100	23 125	23 200	12 425	12 000
1 636	1 640	34 695	34 700	57 125,5	57 000
9 854	9 860	54 127	54 200	4 580,9	5 000
236,89	240	325 841	325 900	46 158	46 000
94,1	100	12 365,98	12 400	69 920	70 000
1 589	1 590	54 024	54 100	8 362,7	8 000
7 826	7 830	563,25	600	84 589	85 000

Corrigés du livre de l'élève (p. 19)

72 a) 70 – 30 – 130 – 460 – 1 070
b) 960 – 100 – 250 – 6 020 – 890

73 a) 80 – 5 970 – 90 – 670 – 20
b) 3 070 – 620 – 440 – 70 – 4 090

74 a) 300 – 400 – 8 100 – 7 700 – 9 000
b) 56 200 – 2 100 – 200 – 8 400 – 1 400

75 a) 50 – 160 – 660 – 80 – 90
b) 630 – 410 – 6 330 – 520 – 80

76 a) 1 000 – 300 – 900 – 400 – 5 200
b) 8 900 – 300 – 700 – 500 – 3 500

77 a) 4 000 – 90 000 – 6 000 – 27 000 – 33 000
b) 75 000 – 66 000 – 4 000 – 69 000 – 22 000

78 a) 6 000 – 97 000 – 63 000 – 37 000 – 15 000
b) 38 000 – 62 000 – 10 000 – 4 000 – 79 000

79 a) 80 – 60 – 310 – 860 – 20
b) 2 160 – 870 – 130 – 6 490 – 210

80 a) 5 800 – 2 500 – 31 900 – 45 800 – 5 300
b) 48 300 – 6 000 – 1 000 – 8 000 – 12 800

81 300 € – 570 € – 20 €

Évaluation

1. Arrondis à la dizaine la plus proche chacun des nombres ci-dessous.
9 632 – 894 – 15,5 – 9 545,69 – 5 421

2. Arrondis à la centaine la plus proche chacun des nombres ci-dessous.
789 – 214 – 6 985 – 5 251 – 89 411,5

3. Arrondis au millier le plus proche chacun des nombres ci-dessous.
62 232 – 65 817 – 6 998,15 – 20 877,2 – 893 252

4. Arrondis chacun des nombres ci-dessous au multiple de 1 000 le plus proche puis additionne-les. Tu trouveras le nombre de feuilles portées par un arbre feuillu de taille moyenne.
119 856 – 79 990

Corrigés de l'évaluation

1. 9 630 – 890 – 20 – 9 550 – 5420
2. 800 – 200 – 7 000 – 5 300 – 89 400
3. 62 000 – 66 000 – 7 000 – 21 000 – 893 000
4. 120 000 + 80 000 = 200 000

II Additionner

Ajouter 1, 2, 3 à un nombre à un chiffre

DICTÉE

série 1	série 2
4 + 1 = 5	5 + 3 = 8
6 + 2 = 8	9 + 2 = 11
3 + 3 = 6	1 + 3 = 4
2 + 3 = 5	4 + 3 = 7
7 + 1 = 8	9 + 3 = 12
5 + 2 = 7	7 + 2 = 9
9 + 1 = 10	6 + 3 = 9
8 + 2 = 10	1 + 2 = 3
4 + 2 = 6	8 + 3 = 11
2 + 2 = 4	7 + 3 = 10

CORRIGÉS DU LIVRE DE L'ÉLÈVE (P. 22)

82	5	7	8	9	9
	9	8	6	8	3
83	7	12	10	6	10
	10	4	7	11	7
84	6	5	8	9	11
	9	4	5	11	4

85 7 billes

86 9 roses

87 11 cartes

88 8 bûches

89 11 bouteilles

90 7 + 2 + 3

ÉVALUATION

1.

5 + 3 = 8	8 + 1 = 9
9 + 2 = 11	4 + 2 = 6
8 + 3 = 11	8 + 2 = 10
7 + 2 = 9	9 + 3 = 12

2. Aujourd'hui, 9 randonneurs étaient inscrits à la sortie, mais l'animateur en compte finalement 2 de plus. Combien de randonneurs participent à la sortie ?

3. Maman a demandé au photographe 6 agrandissements de format 13 x 19 et 3 agrandissements de format 20 x 30. Au total, combien d'agrandissements maman a-t-elle commandés ?

Ajouter 1, 2... ou 5 à un nombre à un chiffre

DICTÉE

série 1	série 2
7 + 2 = 9	7 + 4 = 11
7 + 5 = 12	4 + 5 = 9
3 + 1 = 4	3 + 4 = 7
6 + 5 = 11	6 + 2 = 8
2 + 3 = 5	9 + 4 = 13
3 + 5 = 8	7 + 3 = 10
6 + 4 = 10	9 + 5 = 14
2 + 4 = 6	8 + 3 = 11
5 + 5 = 10	0 + 5 = 5
8 + 5 = 13	2 + 5 = 7

CORRIGÉS DU LIVRE DE L'ÉLÈVE (P. 23)

91	8	5	6	14	7
	10	10	10	10	8
92	7	9	7	9	11
	8	12	12	12	8
93	9	9	11	6	11
	8	13	13	10	9

94 14 voyageurs

95 10 €

96 13 stylos

97 11 pneus

98 12 joueurs

99 diagonale → 7 + 4 + 5

Évaluation

1.

7 + 5 =12	8 + 5 = 13
4 + 3 = 7	9 + 5 = 14
8 + 3 = 11	9 + 3 = 12
6 + 5 = 11	7 + 4 = 11

2. Anna achète une bande dessinée valant 9 € et une autre coûtant 6 €. Combien a-t-elle dépensé ?

3. Pour son traitement, monsieur Aubano a avalé en 4 jours 8 comprimés d'une sorte et 4 comprimés d'une autre sorte. Combien de comprimés monsieur Aubano a-t-il dû consommer ?

Ajouter 1, 2… ou 7 à un nombre à un chiffre

Dictée

série 1	série 2
3 + 5 = 8	2 + 7 = 9
7 + 4 = 11	4 + 6 = 10
9 + 3 = 12	1 + 5 = 6
8 + 5 = 13	9 + 7 = 16
6 + 4 = 10	6 + 5 = 11
7 + 3 = 10	8 + 6 = 14
2 + 5 = 7	3 + 6 = 9
4 + 4 = 8	4 + 3 = 7
9 + 6 = 15	9 + 5 = 14
7 + 7 = 14	7 + 5 = 12

Corrigés du livre de l'élève (p. 24)

100	8	7	11	12	11
	10	9	14	14	13
101	8	13	10	10	11
	11	14	9	10	9
102	11	11	8	13	12
	13	16	12	12	15

103 15 images

104 13 ans

105 10 compartiments

106 15 avions

107 12 roses

108 11 arbustes

109 8 + 4 + 7

Évaluation

1.

9 + 6 = 15	5 + 4 = 9
7 + 5 = 12	6 + 3 = 9
8 + 7 = 15	2 + 6 = 8
3 + 7 = 10	5 + 6 = 11

2. Antoine a effectué 2 sorties à vélo, l'une de 5 km et l'autre de 7 km. Quelle distance totale Antoine a-t-il parcourue ?

3. Pour un rallye-lecture, Marina a lu 9 romans au 1er trimestre et 7 au 2e trimestre. Combien de romans Marina a-t-elle lus ?

Ajouter 1, 2… ou 9 à un nombre à un chiffre

On restera ici sur la notion de table d'addition, sans évoquer les pratiques soustractives (ex : + 9 = + 10 – 1).

Dictée

série 1	série 2
3 + 5 = 8	4 + 7 = 11
7 + 6 = 13	8 + 8 = 16
8 + 4 = 12	9 + 6 = 15
2 + 7 = 9	3 + 8 = 11
6 + 4 = 10	6 + 9 = 15
5 + 3 = 8	7 + 8 = 15
1 + 5 = 6	2 + 7 = 9
4 + 8 = 12	4 + 9 = 13
0 + 9 = 9	9 + 9 = 18
9 + 9 = 18	7 + 5 = 12

Corrigés du livre de l'élève (p. 25)

110

10	14	9	14	11
10	12	12	11	12

111

8	16	15	9	12
15	13	11	12	11

112

12	17	15	15	18
13	11	13	13	17

113 17 km

114 15 °C

115 15 pétards

116 14 cassettes

117 18 pages

118 16 €

119 9 + 6 + 8

Évaluation

1. 8 + 8 = 16 4 + 9 = 13
6 + 7 = 13 3 + 7 = 10
6 + 5 = 11 8 + 9 = 17
9 + 5 = 14 2 + 8 = 10

2. Cette année, Dylan a réalisé 6 maquettes d'avion et 7 maquettes de bateaux. Au total, combien de maquettes a-t-il construites ?

3. Une agence de voyages propose un séjour comprenant 7 jours en hôtel et 9 jours de safari photos. Quelle est la durée totale du voyage ?

Ajouter deux multiples de 10

Piste de départ

Notre bibliothèque de classe compte 40 livres documentaires et 80 romans.

On insistera sur le mécanisme :
40 + 80 = 120 → 40 + 80 = (4 + 8) x 10
On peut déjà constater que la multiplication par 10 correspond, dans le cas des nombres entiers, à ajouter un zéro.

Dictée

série 1	série 2
10 + 10 = 20	20 + 90 = 110
20 + 10 = 30	50 + 70 = 120
70 + 30 = 100	90 + 30 = 120
50 + 20 = 70	40 + 20 = 60
40 + 10 = 50	60 + 30 = 90
60 + 40 = 100	10 + 90 = 100
30 + 20 = 50	80 + 70 = 150
20 + 30 = 50	70 + 60 = 130
80 + 40 = 120	30 + 40 = 70
70 + 70 = 140	70 + 20 = 90

Corrigés du livre de l'élève (p. 26)

120

50	100	100	80	110
110	80	110	80	60

121

90	100	90	130	130
120	170	110	90	150

122

130	90	70	140	120
160	100	140	150	180

123 50 jours

124 70 €

125 50 chocolats

126 130 c soit 1 € 30 c

127 60 €

128 120 photos

129 50 + 40 + 10 ; 20 + 30 + 50 ; 60 + 30 + 10

Évaluation

1. 70 + 40 = 110 60 + 80 = 140
40 + 30 = 70 50 + 40 = 90
90 + 30 = 120 70 + 80 = 150
50 + 60 = 110 90 + 20 = 110

2. Dans le rayon « liquides » d'un supermarché, un employé vient d'installer 30 bouteilles de vin. Il a encore 60 bouteilles à installer. Combien de bouteilles aura-t-il alors mises en rayon ?

3. Pour rendre visite à des amis, Thomas et ses parents ont déjà parcouru 70 km mais il en reste 80 avant d'être arrivé. Quelle est la distance totale entre leur domicile et celui de leurs amis ?

Corrigés de l'évaluation

2. 90 bouteilles

3. 150 km.

Ajouter un nombre à un chiffre à un nombre à deux chiffres (sans retenue)

Piste de départ

La température était ce matin de 14 °C. Elle s'est élevée de 5 °C cet après-midi.

On rappellera le principe de l'addition : les unités s'ajoutent aux unités.

Dictée

série 1	série 2
12 + 5 = 17	14 + 3 = 17
11 + 4 = 15	24 + 3 = 27
10 + 8 = 18	26 + 2 = 28
15 + 2 = 17	41 + 8 = 49
23 + 4 = 27	32 + 7 = 39
21 + 5 = 26	41 + 5 = 46
16 + 2 = 18	53 + 3 = 56
31 + 7 = 38	42 + 6 = 48
13 + 3 = 16	34 + 4 = 38
12 + 7 = 19	43 + 5 = 48

Corrigés du livre de l'élève (p. 27)

130	14	14	14	18	24
	16	18	19	27	36
131	18	18	17	28	27
	19	28	37	49	37
132	18	29	17	37	37
	47	28	16	47	57
133	19	29	38	59	77
	88	79	58	68	78

134 79 carreaux

135 17 places

136 30 élèves

137 59 unités

138 69 €

139 55 + 4   52 + 7

Évaluation

1.

32 + 3 = 35	33 + 5 = 38
22 + 4 = 26	62 + 7 = 69
25 + 3 = 28	52 + 5 = 57
61 + 6 = 67	73 + 4 = 77

2. La maman de Maxime est âgée de 32 ans. Son père a 6 ans de plus que sa mère. Quel est l'âge du père de Maxime ?

3. L'année dernière, monsieur Quibosse avait bénéficié de 44 jours de congés. Cette année, il aura eu droit à 5 jours de plus. Quelle est, cette année, la durée de ses congés annuels ?

Corrigés de l'évaluation

2. 38 ans   **3.** 49 jours.

Ajouter un nombre à un chiffre à un nombre à deux chiffres (avec retenue) (1)

Piste de départ

Leslie a 14 ans. Paul, son grand frère, a 7 ans de plus.

On décomposera le passage à la dizaine supérieure.
37 + 5 → 7 + 5 = 12 → j'ai 2 unités et j'ajoute une dizaine → 42

Dictée

série 1	série 2
27 + 7 = 34	56 + 5 = 61
34 + 6 = 40	39 + 7 = 46
58 + 3 = 61	28 + 5 = 33
49 + 5 = 54	37 + 6 = 43
18 + 7 = 25	24 + 7 = 31
49 + 1 = 50	13 + 7 = 20
25 + 6 = 31	45 + 5 = 50
79 + 2 = 81	57 + 4 = 61
28 + 4 = 32	36 + 6 = 42
16 + 5 = 21	83 + 7 = 90

Corrigés du livre de l'élève (p. 28)

140	21	20	20	22	31
	30	40	30	42	20
141	20	22	20	30	21
	30	21	20	51	61
142	23	32	31	43	32
	51	26	22	23	40
143	24	30	41	62	41
	32	31	71	24	51

144 83 m

145 24 min

146 27 €

147 un multiple : 48 + 5 + 7 = 60

Évaluation

1. 18 + 3 = 21 — 25 + 6 = 31
29 + 3 = 32 — 18 + 7 = 25
13 + 8 = 21 — 28 + 5 = 33
57 + 4 = 61 — 48 + 3 = 51

2. Pendant ses vacances, Léa a utilisé une pellicule photographique de 36 poses et a fait 8 clichés sur une autre pellicule. Combien Léa a-t-elle pris de photos durant ses vacances ?

3. Adrien achète un coffret de deux DVD valant 49 € ainsi qu'un magazine sur le cinéma coûtant 7 €. Quelle somme a-t-il dépensée ?

Corrigés de l'évaluation

2. 44 photos **3.** 56 €

Ajouter un nombre à un chiffre à un nombre à deux chiffres (avec retenue) (2)

Dictée

série 1	série 2
56 + 3 = 59	17 + 3 = 20
17 + 6 = 23	22 + 8 = 30
27 + 7 = 34	45 + 5 = 50
17 + 8 = 25	23 + 9 = 32
28 + 3 = 31	49 + 2 = 51
19 + 2 = 21	24 + 6 = 30
28 + 6 = 34	66 + 4 = 70
36 + 5 = 41	58 + 2 = 60
25 + 8 = 33	19 + 8 = 27
27 + 6 = 33	26 + 6 = 32

Corrigés du livre de l'élève (p. 29)

148	20	21	27	23	50
	43	40	51	31	21
149	20	22	23	32	40
	50	71	36	50	62
150	22	24	22	33	40
	42	60	35	24	81
151	20	34	25	62	90
	92	101	81	91	70

152 64 primevères

153 45 €

154 73 bandes dessinées

155 31 bus

156 81 jours

Évaluation

1. 26 + 4 = 30 — 27 + 9 = 36
19 + 6 = 25 — 66 + 5 = 71
59 + 3 = 62 — 74 + 7 = 81
88 + 8 = 96 — 58 + 4 = 62

2. J'ai utilisé 89 pages de mon cahier. Il me reste 7 pages blanches. Quel est le nombre de pages de mon cahier ?

3. Élise avait emprunté de l'argent à Adrien. Elle lui a déjà rendu 38 €. Elle lui rend maintenant 8 €. Quelle somme lui avait-elle empruntée ?

Corrigés de l'évaluation

2. 96 pages

3. 46 €

Ajouter 10

Piste de départ

Quand il est 12 heures à Paris, il est 10 heures plus tard à Nouméa, en Nouvelle-Calédonie.

On rappellera : ajouter 10, c'est ajouter une dizaine. 57 + 10 = 67

Dictée

série 1	série 2
23 + 10 = 33	87 + 10 = 97
51 + 10 = 61	71 + 10 = 81
42 + 10 = 52	60 + 10 = 70
75 + 10 = 85	93 + 10 = 103
16 + 10 = 26	173 + 10 = 183
38 + 10 = 48	255 + 10 = 265
77 + 10 = 87	427 + 10 = 437
89 + 10 = 99	319 + 10 = 329
37 + 10 = 47	501 + 10 = 511
123 + 10 = 133	294 + 10 = 304

Corrigés du livre de l'élève (p. 30)

157	24	33	84	47	68
	99	146	355	468	985
158	27	59	92	45	34
	75	546	73	483	133
159	139	172	157	236	348
	547	607	297	1 000	427
160	167	306	407	269	811
	997	919	493	1 003	704

161 25 min

162 63 personnes

163 109 €

164 142 livres

165 137 bouteilles

166 439

Évaluation

1. 514 + 10 = 524 86 + 10 = 96
108 + 10 = 118 541 + 10 = 551
792 + 10 = 802 46 + 10 = 56
496 + 10 = 506 123 + 10 = 133

2. Une course à pied comptabilisait 695 coureurs classés l'an dernier. Elle en compte 10 de plus cette année. Combien de coureurs ont été classés cette année ?

3. Le montant de ma commande à une société de vente par correspondance s'élève à 179 € auxquels je dois ajouter 10 € de participation aux frais de livraison. Quelle somme totale vais-je devoir payer ?

Corrigés de l'évaluation

2. 705 coureurs **3.** 189 €

Ajouter un multiple de 10 (1)

Piste de départ

Damien et son cousin Florentin collectionnent les billets de banque des différents pays du monde. Damien possède 57 billets différents ; son cousin en a 20 de plus.

On rappellera : ajouter 20, 30, 40... c'est ajouter deux, trois ou quatre dizaines.
57 + 20 = 77

Dictée

série 1	série 2
25 + 20 = 45	14 + 30 = 44
36 + 40 = 76	13 + 80 = 93
44 + 40 = 84	58 + 40 = 98
11 + 70 = 81	13 + 60 = 73
22 + 60 = 82	33 + 50 = 83
16 + 80 = 96	51 + 50 = 101
37 + 20 = 57	48 + 30 = 78
77 + 20 = 97	35 + 30 = 65
19 + 70 = 89	89 + 30 = 119
31 + 50 = 81	68 + 40 = 108

Corrigés du livre de l'élève (p. 31)

167	34	53	104	87	98
	109	96	95	78	95
168	87	89	112	95	94
	95	86	83	93	72
169	79	87	86	98	141
	74	82	78	127	134
170	165	166	108	114	131
	167	169	188	283	584

171 148 €

172 308 €

173 3 792 m

174 448 points

175 670

Évaluation

1. 37 + 40 = 77 65 + 30 = 95
49 + 40 = 89 62 + 40 = 102
53 + 40 = 93 23 + 60 = 83
53 + 60 = 113 48 + 50 = 98

2. Un meuble qui valait 1 143 € a augmenté de 50 €. Quel est son nouveau prix ?

3. La vente des calendriers de l'école nous avait rapporté 238 € l'an dernier, soit 40 € de moins que cette année. Combien cette vente nous a-t-elle rapporté cette année ?

Corrigés de l'évaluation
2. 1 193 €
3. 278 €

Ajouter un multiple de 10 (2)

Piste de départ

En 1949, une fusée américaine atteint l'altitude de 400 km. 30 ans plus tard, l'homme pose le pied sur la Lune.

On insistera sur l'identification du nombre de dizaines dans le premier terme de l'addition.
157 + 20 = 177

Dictée

série 1	**série 2**
149 + 20 = 169	268 + 20 = 288
135 + 40 = 175	513 + 50 = 563
163 + 30 = 193	214 + 30 = 244
324 + 30 = 354	173 + 30 = 203
246 + 20 = 266	155 + 50 = 205
517 + 50 = 567	327 + 40 = 367
414 + 40 = 454	84 + 20 = 104
735 + 30 = 765	430 + 50 = 480
611 + 40 = 651	139 + 30 = 169
827 + 70 = 897	648 + 20 = 668

Corrigés du livre de l'élève (p. 32)

176	187	496	983	168	284
	481	662	696	999	892
177	385	599	379	805	583
	879	304	779	400	602
178	278	149	815	582	416
	197	914	183	712	413
179	501	983	601	217	213
	912	393	315	712	626

180 495 places

181 525 €

182 917 points

183 2 232 €

184 1 813 €

Évaluation

1. 177 + 20 = 197 356 + 40 = 396
269 + 30 = 299 542 + 50 = 592
215 + 90 = 305 136 + 80 = 216
654 + 60 = 714 543 + 60 = 603

2. Un concurrent termine un concours avec 677 points, soit 80 points de moins que le premier. Quel était le total de points du concurrent classé premier ?

3. L'école a reçu une première livraison de 775 cahiers, puis une seconde de 90 cahiers. Quel était le nombre total de cahiers commandés ?

Corrigés de l'évaluation
2. 757 points **3.** 865 cahiers

Ajouter 9 (1)

Piste de départ

Anastasia est née un 15 octobre. Son frère Maxime a son anniversaire 9 jours plus tard.

On démontrera : ajouter 9 = ajouter 10 et retrancher 1. On questionnera les élèves sur l'intérêt de procéder ainsi.

Dictée

série 1	série 2
24 + 9 = 33	79 + 9 = 88
33 + 9 = 42	35 + 9 = 44
47 + 9 = 56	48 + 9 = 57
17 + 9 = 26	27 + 9 = 36
75 + 9 = 84	90 + 9 = 99
91 + 9 = 100	56 + 9 = 65
80 + 9 = 89	19 + 9 = 28
22 + 9 = 31	74 + 9 = 83
44 + 9 = 53	66 + 9 = 75
76 + 9 = 85	81 + 9 = 90

Corrigés du livre de l'élève (p. 33)

185	35	52	22	47	53
	45	73	91	40	63
186	76	94	58	41	45
	64	82	98	27	48
187	21	39	56	74	92
	26	36	71	87	104
188	67	85	102	96	25
	103	86	101	77	83

189 26 points

190 20 °C

191 53 champignons

192 32 t

193 60

Évaluation

1. 33 + 9 = 42 52 + 9 = 61
69 + 9 = 78 75 + 9 = 84
56 + 9 = 65 34 + 9 = 43
79 + 9 = 88 96 + 9 = 105

2. Victoria pèse 37 kg, Aurélien 9 kg de plus. Quel est le poids d'Aurélien ?

3. Hier, 59 élèves étaient inscrits au concours d'orthographe. Neuf autres élèves se sont inscrits aujourd'hui. Quel est, désormais, le nombre d'élèves inscrits ?

Corrigés de l'évaluation

2. 46 kg

3. 68 élèves

Ajouter 9 (2)

Piste de départ

En 1969, on inaugurait, à Paris, le RER. Neuf ans plus tard, c'était le tour du métro de Lyon.

Dictée

série 1	série 2
151 + 9 = 160	278 + 9 = 287
412 + 9 = 421	507 + 9 = 516
302 + 9 = 311	369 + 9 = 378
415 + 9 = 424	354 + 9 = 363
238 + 9 = 247	229 + 9 = 238
444 + 9 = 453	456 + 9 = 465
407 + 9 = 416	573 + 9 = 582
533 + 9 = 542	372 + 9 = 381
420 + 9 = 429	395 + 9 = 404
134 + 9 = 143	682 + 9 = 691

Corrigés du livre de l'élève (p. 34)

194	133	246	348	244	355
	466	949	577	357	126
195	135	272	237	383	121
	140	113	221	332	424
196	134	245	356	343	137
	915	571	494	684	924

197

688	790	838	903	248
1 616	605	467	676	1 727

198 128 m

199 167 €

200 345 h

201 555 km

202 vrai

Évaluation

1. 569 + 9 = 578 672 + 9 = 681
504 + 9 = 513 141 + 9 = 150
783 + 9 = 792 445 + 9 = 454
342 + 9 = 351 889 + 9 = 898

2. La collection de cartes postales de M. Marek comptait 784 vues. M. Marek vient d'en acquérir 9 de plus. Combien de cartes postales compte maintenant la collection ?

3. « 887 spectateurs ! 9 de plus et la salle était pleine ! » dit le directeur de la salle de spectacle. Quelle est la capacité de cette salle ?

Corrigés de l'évaluation

2. 793 cartes postales

3. 896 spectateurs

Ajouter deux nombres à deux chiffres (sans retenue)

Piste de départ

Grâce à notre pluviomètre, nous avons noté qu'il est tombé 37 mm de pluie la semaine dernière et 22 mm cette semaine.

On insistera sur le fait qu'en calcul mental, on additionne souvent différemment du calcul posé puisque la décomposition du 2ᵉ terme – qui permet de se référer à des techniques étudiées (ex : ajouter un multiple de 10) – propose d'additionner les dizaines avant les unités.
37 + 22 = 37 + (20 + 2) = 57 + 2 = 59

Dictée

série 1	série 2
41 + 13 = 54	33 + 13 = 46
63 + 15 = 78	61 + 16 = 77
14 + 24 = 38	24 + 23 = 47
26 + 12 = 38	46 + 21 = 67
45 + 11 = 56	52 + 34 = 86
12 + 32 = 44	55 + 23 = 78
27 + 12 = 39	67 + 12 = 79
32 + 17 = 49	51 + 11 = 62
74 + 14 = 88	37 + 21 = 58
81 + 16 = 97	53 + 25 = 78

Corrigés du livre de l'élève (p. 35)

203

64	97	87	59	67
85	95	88	77	97

204

56	67	66	78	76
79	87	98	79	99

205

83	95	97	75	67
97	58	89	99	49

206

98	49	76	89	99
77	97	89	77	77

207 37 ans

208 98 places

209 99 enfants

210 Oui, ils ont 59 €.

211 77 €

212 26 + 63

Évaluation

1. 84 + 13 = 97 63 + 32 = 95
21 + 18 = 39 52 + 16 = 68
34 + 14 = 48 51 + 24 = 75
63 + 15 = 78 16 + 23 = 39

2. Willy achète un aquarium au prix de 54 € et une cage pour son hamster valant 25 €. Combien a-t-il dépensé ?

3. M. Gibault profite des soldes au rayon « outillage » d'un grand magasin pour s'offrir une scie sauteuse valant 33 € et une perceuse sans fil proposée à 24 €. Quelle somme totale a-t-il dépensée ?

Corrigés de l'évaluation

2. 79 € **3.** 57 €

Ajouter deux nombres à deux chiffres

Piste de départ

Les États-Unis se formèrent autour de 13 États. Ils en comptent aujourd'hui 37 de plus.

La décomposition du 2e terme permet de se référer à des techniques déjà étudiées.
74 + 17 = 74 + (10 + 7) = 84 + 7 = 91

Dictée

série 1	série 2
27 + 14 = 41	16 + 13 = 29
29 + 12 = 41	38 + 13 = 51
35 + 16 = 51	47 + 14 = 61
69 + 13 = 82	74 + 15 = 89
68 + 15 = 83	45 + 55 = 100

série 3	série 4
25 + 35 = 60	46 + 25 = 71
66 + 15 = 81	76 + 13 = 89
34 + 38 = 72	87 + 14 = 101
48 + 16 = 64	67 + 24 = 91
84 + 26 = 110	95 + 13 = 108

Corrigés du livre de l'élève (p. 36)

213 48 70 59 115 118
119 114 176 40 105

214 50 79 58 119 98
145 116 129 115 80

215 73 113 100 97 99
106 119 74 106 110

216 81 50 107 80 63
122 121 111 115 99

217 108 cL

218 Non, il lui manquera 4 min.

219 Oui, elle n'a dépensé que 123 €.

220 98 élèves

221 79 pages

222 48 + 74

Évaluation

1. 54 + 13 = 67 36 + 15 = 51
63 + 17 = 80 27 + 14 = 41
68 + 12 = 80 18 + 14 = 32
76 + 15 = 91 38 + 13 = 51

2. Pour Noël, Gaëtan achète deux livres : l'un valant 16 € et l'autre valant 18 €. Quelle somme a-t-il dépensée ?

3. Au cours de l'année, Raphaël a rédigé deux dossiers sur les animaux. Le premier comptait 27 pages, le second 24 pages. Combien de pages Raphaël a-t-il rédigées pour ses dossiers ?

Corrigés de l'évaluation
2. 34 € **3.** 51 pages

Ajouter un nombre entier et un nombre décimal

Piste de départ

Swift, le chien de Mehdi, pèse 14 kg. Scob, le chien d'Erwann, pèse 5,5 kg de plus.

14 + 5, 5 = (14 + 5) + 0,5 = 19 + 0,5 = 19,5

Dictée

série 1	série 2
42 + 2,3 = 44,3	26 + 3,5 = 29,5
34 + 1,26 = 35,26	12 + 3,8 = 15,8
12 + 8,3 = 20,3	41 + 6,35 = 47,35
18 + 8,21 = 26,21	36 + 5, 75 = 41,75
18 + 4, 2 = 22,2	49 + 2,23 = 51,23

série 3	série 4
6 + 8,6 = 14,6	25 + 5,1 = 30,1
9,2 + 5 = 14,2	85 + 6,4 = 91,4
3,8 + 11 = 14,8	76 + 5,23 = 81,23
42 + 6,27 = 48,27	63 + 5,6 = 68,6
125 + 4,3 = 129,3	308 + 6,7 = 314,7

Corrigés du livre de l'élève (p. 37)

223 26,5 54,4 63,8 78,7
40,5 48,27 61,8 181,9
41,36 91,22

224	39,4	66,16	34,7	79,1
	150,35	93,2	56,3	96,62
	89,8	62,5		
225	86,3	56,3	98,4	50,45
	66,28	94,7	98,6	143,61
	94,4	102,6		
226	49,3	250,16	78,4	80,6
	80,1	355,6	60,5	89,2
	89,75	99,2		

227 14,5 km

228 33,54 €

229 50,42 millions

230 41,75 €

231 87 + 1,25

ÉVALUATION

1. 32 + 4,65 = 36,65 38 + 9,3 = 47,3
41 + 3,7 = 44,7 62 + 8,6 = 70,6
53 + 6,2 = 59,2 73 + 4,6 = 77,6
48 + 3,1 = 51,1 81 + 9,75 = 90,75

2. Sur le plateau d'une balance, on pose un colis de 2,95 kg et un autre de 3 kg. Quelle masse totale s'affiche sur la balance ?

3. On charge un camion en deux fois. On apporte d'abord une tonne de marchandises et, plus tard, 0,36 t de plus que la première fois. Quelle est la masse totale du chargement ?

Corrigés de l'évaluation

2. 5,95 kg

3. 1,36 t

Ajouter 18, 19, 28, 29...

PISTE DE DÉPART

Après 12 années de mariage, mes parents ont fêté leurs « noces de lin ». En même temps mes grands-parents, avec 18 ans de mariage de plus, fêtaient leurs « noces de perles ».

On fera référence à « ajouter 9 » pour ajouter 19 = ajouter 20 et retrancher 1.
ajouter 28 = ajouter 30 et retrancher 2.

DICTÉE

série 1	série 2
22 + 19 = 41	65 + 19 = 84
38 + 19 = 57	42 + 29 = 71
125 + 29 = 154	45 + 18 = 63
56 + 18 = 74	213 + 28 = 241
73 + 29 = 102	89 + 18 = 107

série 3	série 4
38 + 18 = 56	104 + 19 = 123
66 + 29 = 95	36 + 29 = 65
401 + 28 = 429	27 + 18 = 45
325 + 19 = 344	564 + 18 = 582
504 + 39 = 543	216 + 29 = 245

CORRIGÉS DU LIVRE DE L'ÉLÈVE (P. 38)

232	82	67	83	42	85
	64	41	85	81	131
233	40	63	62	104	97
	145	111	170	151	71
234	76	40	100	66	131
	235	114	112	448	32
235	63	110	71	114	54
	162	353	650	273	566

236 37 min

237 43 ans

238 34 €

239 174 €

240 162 cm

ÉVALUATION

1. 56 + 19 = 75 36 + 18 = 54
123 + 29 = 152 64 + 18 = 82
401 + 29 = 430 75 + 28 = 103
314 + 39 = 353 258 + 19 = 277

2. Dans un coupon de tissu, maman coupe un premier morceau de 312 cm et un second de 49 cm. Quelle longueur totale de tissu maman a-t-elle coupée ?
3. Pour décorer une salle de jeux, Adélie a confectionné 67 roses en papier le matin et 28 l'après-midi. Quel est le nombre total de roses faites par Adélie ?

Corrigés de l'évaluation
2. 361 cm
3. 95 roses

Ajouter deux grands nombres

Piste de départ

La classe des vertébrés :
mammifères : 4 200 espèces ;
oiseaux : 9 000 espèces ;
poissons : 20 600 espèces ;
reptiles : 6 000 espèces ;
amphibiens : 3 200 espèces.

On pourra commencer par une observation de plusieurs additions afin que chaque élève propose sa façon de procéder.

Dictée

série 1
1 700 + 300 = 2 000
3 400 + 500 = 3 900
2 600 + 3 000 = 5 600
64 200 + 600 = 64 800
105 000 + 10 000 = 115 000

série 2
5 500 + 10 000 = 15 500
31 000 + 32 000 = 63 000
381 000 + 10 000 = 391 000
25 000 + 14 000 = 39 000
35 700 + 3000 = 38 700

série 3
21 300 + 600 = 21 900
13 000 + 14 000 = 27 000
3 500 000 + 50 000 = 3 550 000
76 000 + 11 000 = 87 000
580 000 + 16 000 = 596 000

série 4
45 000 + 1 420 = 46 420
12 400 + 500 = 12 900
2 017 000 + 2 003 000 = 2 020 000
350 000 + 101 000 = 451 000
68 000 + 12 000 = 80 000

Corrigés du livre de l'élève (p. 39)

241 6 600 6 000 39 600
38 800 15 780

242 12 880 70 000 315 900
257 390 197 000

243 495 000 1 285 000 2 935 000
160 200 3 420 000

244 50 000 150 000 2 235 000
612 000 321 500

245 49 700 000 personnes

246 600 000 véhicules

247 137 700 000 passagers

248 51 700 personnes

249 178 000

Évaluation

1. 15 800 + 200 = 16 000
34 000 + 5 000 = 39 000
51 500 + 250 = 51 750
321 000 + 20 000 = 341 000
63 000 + 7 000 = 70 000
3 400 000 + 410 000 = 3 810 000
2. Au cours de ses deux derniers matches de coupe d'Europe, une équipe a attiré 65 000 puis 70 000 spectateurs dans son stade. Combien de spectateurs le stade a-t-il accueilli en deux matches ?
3. Un service de protection contre les incendies installe en forêt deux citernes, l'une d'une capacité de 125 000 litres, l'autre d'une capacité de 65 000 litres. De quelle quantité d'eau, en litres, les services d'incendie pourront-ils ainsi disposer ?

Corrigés de l'évaluation
2. 135 000 spectateurs **3.** 190 000 litres

Décomposer une somme

Piste de départ

Dans la même journée, monsieur Barlier a effectué en avion les trajets Paris - Londres (336 km) puis Londres - New York (5 601 km).

L'objectif est de démontrer aux élèves que l'addition posée n'est pas une nécessité dès lors que les termes se complexifient. On pourra ensuite éventuellement prolonger le travail par des additions décomposées oralement et collectivement.

Corrigés du livre de l'élève (p. 40)

250 a) 47 + 15 = 47 + 10 + 5 = 57 + 5 = 62
55 + 26 = 55 + 20 + 6 = 75 + 6 = 81
63 + 38 = 63 + 30 + 8 = 93 + 8 = 101
18 + 56 = 18 + 50 + 6 = 68 + 6 = 74
17 + 47 = 17 + 40 + 7 = 57 + 7 = 64
b) 53 + 28 = 53 + 20 + 8 = 73 + 8 = 81
65 + 18 = 65 + 10 + 8 = 75 + 8 = 83
49 + 35 = 49 + 30 + 5 = 79 + 5 = 84
56 + 46 = 56 + 40 + 6 = 96 + 6 = 102
27 + 63 = 27 + 60 + 3 = 87 + 3 = 90

251 a) 38 + 33 = 38 + 30 + 3 = 68 + 3 = 71
57 + 45 = 57 + 40 + 5 = 97 + 5 = 102
48 + 52 = 48 + 50 + 2 = 98 + 2 = 100
37 + 65 = 37 + 60 + 5 = 97 + 5 = 102
26 + 42 = 26 + 40 + 2 = 66 + 2 = 68
b) 94 + 33 = 94 + 30 + 3 = 124 + 3 = 127
65 + 53 = 65 + 50 + 3 = 115 + 3 = 118
73 + 48 = 73 + 40 + 8 = 113 + 8 = 121
17 + 88 = 17 + 80 + 8 = 97 + 8 = 105
45 + 77 = 45 + 70 + 7 = 115 + 7 = 122

252 a) 127 + 32 = 127 + 30 + 2 = 157 + 2 = 159
163 + 46 = 163 + 40 + 6 = 203 + 6 = 209
134 + 48 = 134 + 40 + 8 = 174 + 8 = 182
214 + 57 = 214 + 50 + 7 = 264 + 7 = 271
319 + 42 = 319 + 40 + 2 = 359 + 2 = 361
b) 155 + 37 = 155 + 30 + 7 = 185 + 7 = 192
244 + 36 = 244 + 30 + 6 = 274 + 6 = 280
115 + 16 = 115 + 10 + 6 = 125 + 6 = 131
303 + 58 = 303 + 50 + 8 = 353 + 8 = 361
278 + 36 = 278 + 30 + 6 = 308 + 6 = 314

253 652 + 226 = 652 + (200 + 20 + 6) = 852 + 20 + 6 = 872 + 6 = 878
272 + 556 = 272 + (500 + 50 + 6) = 772 + 50 + 6 = 822 + 6 = 828
351 + 419 = 351 + (400 + 10 + 9) = 751 + 10 + 9 = 761 + 9 = 770
384 + 428 = 384 + (400 + 20 + 8) = 784 + 20 + 8 = 804 + 8 = 812

254 a) 469 + 707 = 469 + (700 + 7) = 1 169 + 7 = 1 176
618 + 245 = 618 + (200 + 40 + 5) = 818 + 40 + 5 = 858 + 5 = 863
527 + 833 = 527 + (800 + 30 + 3) = 1 327 + 30 + 3 = 1 357 + 3 = 1 360
745 + 739 = 745 + (700 + 30 + 9) = 1 445 + 30 + 9 = 1 475 + 9 = 1 484
b) 836 + 526 = 836 + (500 + 20 + 6) = 1 336 + 20 + 6 = 1 356 + 6 = 1 362
948 + 380 = 948 + (300 + 80) = 1 248 + 80 = 1 328
1 653 + 428 = 1 653 + (400 + 20 + 8) = 2 053 + 20 + 8 = 2 073 + 8 = 2 081
2 037 + 974 = 2 037 + (900 + 70 + 4) = 2 937 + 70 + 4 = 3 007 + 4 = 3 011

255 438 + 54 = 438 + 50 + 4 = 488 + 4 = 492

256 127 + 334 = 127 + (300 + 30 + 4) = 427 + 30 + 4 = 457 + 4 = 461

257 18 900 + 4 320 = 18 900 + (4 000 + 300 + 20) = 22 900 + 300 + 20 = 23 200 + 20 = 23 220

258 147 + 183 = 147 + (100 + 80 + 3) = 247 + 80 + 3 = 327 + 3 = 330
179 + 118 = 179 + (100 + 10 + 8) = 279 + 10 + 8 = 289 + 8 = 297
→ 330 km de longueur et 297 km de largeur

Évaluation

1. Décompose les additions suivantes afin de calculer chaque somme.

68 + 25 = 46 + 45 = 116 + 24 =
234 + 37 = 241 + 33 =

2. Décompose les additions suivantes afin de calculer chaque somme.

128 + 26 = 354 + 68 = 412 + 54 =
608 + 45 = 176 + 25 =

3. La semaine dernière, un sérigraphe a imprimé 6 468 tee-shirt manches courtes et 420 tee-shirts manches longues. Au total, combien de tee-shirts a-t-il imprimés ?

Corrigés de l'évaluation

1. 68 + 25 = 68 + 20 + 5 = 88 + 5 = 93
46 + 45 = 46 + 40 + 5 = 86 + 5 = 91
116 + 24 = 116 + 20 + 4 = 136 + 4 = 140
234 + 37 = 234 + 30 + 7 = 264 + 7 = 271
241 + 33 = 241 + 30 + 3 = 271 + 3 = 274

2. 128 + 26 = 128 + 20 + 6 = 148 + 6 = 152
354 + 68 = 354 + 60 + 8 = 414 + 8 = 422
412 + 54 = 412 + 50 + 4 = 462 + 4 = 466
608 + 45 = 608 + 40 + 5 = 648 + 5 = 653
176 + 25 = 176 + 20 + 5 = 196 + 5 = 201

3. 6 468 + 420 = 6 468 + 400 + 20 =
6 868 + 20 = 6 888

Ordre de grandeur d'une somme (choix multiples) (1) et (2)

Piste de départ

Madame Léa a payé sa voiture en 3 versements d'un montant respectif de 1 900 €, 5 048 € et 5 048 €. Sa voiture vaut environ : 10 000 € ? 12 000 € ? 15 000 € ?

Le but est de montrer aux élèves que le calcul de l'ordre de grandeur d'un résultat revêt deux intérêts : résultat approché dès lors qu'il est suffisant dans la situation donnée, vérification de la plausibilité d'un résultat calculé par calcul posé ou instrumenté.
On retravaillera sur l'arrondi : pour 821, j'arrondis à 800 ; pour 871, j'arrondis à 900.
1 721 + 889 ≃ 1 700 + 900 ≃ 2 600

Corrigés du livre de l'élève (pp. 41-42)

259	250	7 900	4 000	1 800
260	800	9 300	2 500	1 000
261	1 500	14 000	6 000	1 100
262	500 km			
263	900 g			
264	15 000 €			
265	77 000			
266	18 000	31 000	50 000	200 000
267	7 500	97 000	9 000	50 000
268	700 €			
269	1 100 €			
270	70 000 €			
271	– 300 °C			

Évaluation

1. 876 + 233 ≃	900	1 000	1 100
635 + 5 269 ≃	5 500	6 000	11 000
125 + 56 + 745 ≃	800	900	1 200
6 258 + 806 ≃	6 500	7 000	7 500
5 847 + 120 + 48 ≃	6 000	7 000	8 000
2. 414 + 104,5 + 25 ≃	500	600	700
2 690 + 515 + 103 ≃	3 100	3 200	3 300
21 415 + 545 + 12 863 ≃	30 000	35 000	40 000
2 504 + 89 + 4 713 ≃	6 000	7 000	8 000
63 210 + 5 678 + 4 020 ≃	73 000	75 000	80 000

3. Un concours est doté de 4 prix d'une valeur respective de 2 500 €, 1 750 €, 1 200 € et 500 €. La valeur totale des prix distribuée est d'environ : 5 000 € ? 6 000 € ? 7 000 € ?

Corrigés de l'évaluation

1. 1 100 – 6 000 – 900 – 7 000 – 6 000
2. 500 – 3 300 – 35 000 – 7 000 – 73 000
3. 6 000 €

Calcul approché d'une somme – Encadrements (1) et (2)

Piste de départ

Toutes les espèces de fleurs d'un jardin botanique sont décrites dans 2 guides qui présentent respectivement 65 et 58 espèces. Ce jardin présente entre … et … espèces de fleurs.

110 < 65 + 58 < 130 car 60 + 50 = 110
et 70 + 60 = 130

Corrigés du livre de l'élève (pp. 43-44)

272 50 < 31 + 24 < 60
60 < 28 + 41 < 80
110 < 44 + 73 < 130
130 < 43 + 97 < 150
40 < 16 + 36 < 60
90 < 67 + 38 < 120
110 < 36 + 84 < 130
40 < 24 + 26 < 60

273 130 < 89 + 52 < 150
160 < 105 + 66 < 180
60 < 48 + 28 < 80
90 < 67 + 35 < 110
120 < 39 + 94 < 140
170 < 98 + 89 < 190
170 < 67 + 68 + 49,7 < 190
140 < 23 + 67 + 62 < 170

274 1 200 < 711 + 555 < 1 400
900 < 324 + 603 < 1 100
600 < 165 + 578 < 800
900 < 398 + 642 < 1100
600 < 323 + 398 < 800
900 < 701 + 271 < 1 100
1 000 < 247,3 + 862 < 1 200
1 100 < 637 + 513,6 < 1 300

275 oui, 90 < 48 + 56 < 120 → 40 + 50 = 90 et 50 + 60 = 110

276 oui, 150 < 65 + 43 + 58 < 180 → 60 + 40 + 50 = 150 et 70 + 50 + 60 = 180

277 130 < 38 + 32 + 65 + 12 < 170

278 900 < 614 + 279 + 166 < 1 200

279 1 600 < 1 248 + 479 < 1 800
1 000 < 396 + 727 < 1 200
3 500 < 3 408 + 144 < 3 700
1 900 < 1 236 + 724 < 2 100
1 000 < 569 + 458 + 187 < 1 300
1 200 < 269 + 631 + 430 < 1 500
2 600 < 168 + 2 295 + 354 < 2 900

280 5 000 < 5 794 + 248 < 7 000
6 000 < 6 708 + 35 < 7 000
7 000 < 3 333 + 4 226 < 9 000
2 000 < 2 786 + 138 < 4 000
8 000 < 5 369 + 2 695,5 + 1 852 < 11 000
58 000 < 45 212 + 6 321 + 7 468 < 61 000

281 560 < 251 + 316 < 580
370 < 174 + 209 < 390
1 080 < 604 + 482 < 1 100
860 < 394 + 471 < 880
450 < 214 + 17 + 238 < 480
800 < 369 + 364 + 85 < 830
820 < 521 + 271,4 + 39,6 < 850

282 non, 600 < 312 + 179 + 294 < 900

283 11 000 < 4 784 + 3 225 + 4 309 < 14 000

284 oui, 70 < 27,84 + 31,05 + 17,68 < 80

285 110 + 220 + 140 = 470

Évaluation

1. Encadre le résultat de ces additions par deux multiples de 10.
… < 62 + 23 < …
… < 36 + 42 < …
… < 53 + 71 < …
… < 46 + 86 < …
… < 85 + 21 < …
… < 68 + 28 < …
… < 45 + 85 < …
… < 96 + 16 < …

2. Encadre le résultat de ces additions par deux multiples de 100.
… < 532 + 462 < …
… < 351 + 508 < …
… < 235 + 584 < …
… < 496 + 741,5 < …
… < 622,4 + 383 + 469,2 < …

3. Des touristes à moto ont effectué un parcours en boucle décomposé en 4 étapes totalisant respectivement : 275 km, 321 km, 405 km et 288 km. Encadre la distance totale parcourue par deux multiples de 100.

Corrigés de l'évaluation

1. 80 < 62 + 23 < 100
70 < 36 + 42 < 90
120 < 53 + 71 < 140
120 < 46 + 86 < 140
100 < 85 + 21 < 120
80 < 68 + 28 < 100
120 < 45 + 85 < 140
100 < 96 + 16 < 120

2. 900 < 532 + 462 < 1 100
800 < 351 + 508 < 1 000
700 < 235 + 584 < 900
1 100 < 496 + 741,5 < 1 300
1 300 < 622,4 + 383 + 469,2 < 1 600

3. 1 100 < 275 + 321 + 405 + 288 < 1 500

Ordre de grandeur d'une somme

Piste de départ

La Picardie est composée de 3 départements : la Somme (6 176 km²), l'Oise (5 857 km²) et l'Aisne (7 378 km²).

Corrigés du livre de l'élève (p. 45)

286	100	110	150	130	90
	80	60	140	180	150
287	570	180	490	790	410
	890	200	870	210	240

288	1 000	1 000	5 000
	2 000	6 900	2 900
289	9 000	13 000	15 000
	40 000	7 000	3 000
290	160	270	190
	630	180	210

291 114 000 œuvres

292 600 km

293 260 €

Évaluation

1. Pour chaque addition, indique l'ordre de grandeur du résultat.

6 523 + 702 ≃
2 585 + 318 ≃
394,5 + 19,3 ≃
3 256 + 494 + 104,5 ≃
4 604 + 654 + 207 ≃

2. Pour chaque addition, indique l'ordre de grandeur du résultat.

12,4 + 17 + 163 ≃
562 + 23,25 + 19 ≃
8 063 + 196 + 378 ≃
1 302 + 95 + 97 + 201 ≃
5 384 + 975,5 + 127≃

3. Ce tableau récapitule le nombre de cahiers utilisés dans l'année dans les classes du cycle III. Indique l'ordre de grandeur du nombre total de cahiers utilisés.

CE2	CM1	CM2
156	189	204

Corrigés de l'évaluation

On acceptera des résultats différents à partir du moment où ils respectent l'ordre de grandeur du résultat.

1. ≃ 7 200 ≃ 2 900 ≃ 410 ≃ 3 900 ≃ 5 500
2. ≃ 190 ≃ 600 ≃ 8 600 ≃ 1 700 ≃ 6 500
3. environ 550.

L'addition : synthèse

Corrigés du livre de l'élève (pp. 46 à 48)

294	110	193	150	223	97
	157	396	126	313	171
295	107	326	525	97	116
	101	71	953	906	710
296	92	77	151	96	253
	96	111	152	173	341

297	39,5	90,2	321,4	99
	51,8	22,5	218	375
	12 450	27 300		

298	100 000	133 000	440 300
	3 000	200 700	

299	127	117	96	99
	54,3	13 108	273	175
	574,6	169		

300	67	90	600	477	818
	71	190	470	536	469

301	275,5	325,4	345	201
	414,3	71,2	744	85
	390	69		
302	273	574	356	8 800
	502	215	881	168,15
	50 203	19 856		

303	6 596 000	471 800
	62 679 000	9 700 014
	6 938 000	

304 542 + 236 = 542 + (200 + 30 + 6) =
742 + 30 + 6 = 772 + 6 = 778
782 + 198 = 782 + (100 + 90 + 8) =
882 + 90 + 8 = 972 + 8 = 980
3 210 + 546 = 3 210 + (500 + 40 + 6) =
3 710 + 40 + 6 = 3 750 + 6 = 3 756
6 258 + 615 = 6 258 + (600 + 10 + 5) =
6 858 + 10 + 5 = 6 868 + 5 = 6 873
941 + 685 = 941 + (600 + 80 + 5) =
1 541 + 80 + 5 = 1 621 + 5 = 1 626
233 + 427 = 233 + (400 + 20 + 7) =
633 + 20 + 7 = 653 + 7 = 660

305 2 000 < 1 423 + 684 < 2 200
800 < 394 + 541 < 1 000
1 600 < 826 + 852 < 1 800
1 700 < 1 325 + 489 < 1 900
1 400 < 719 + 763 < 1 600

306 16 000 < 12 564 + 4 563 < 18 000
87 000 < 84 236 + 3 918 < 89 000
56 000 < 52 120 + 4 985 < 58 000
70 000 < 63 248 + 7 984 < 72 000

307 200 590 91 000
79 000 26 000

308 800 8 900 165 000
93 000 53 000

309 20 h 43 min

310 147 voitures

311 210 cm

312 225,96 €

313 53 ans

314 Il a tort : le VTT et le casque valent 318 €.

315 79 €

316 95,85 €

317 62 €

318 21,2 km

319 51 points

320 700 m

321 23 000 €

322 140 000 tonnes

323 2 fois → 59 + 3 + 4 = 66
et 54 + 3 + 9 = 66

III Soustraire

Retrancher 1, 2, 3 à un nombre à un chiffre

Dictée

série 1	série 2
4 – 2 = 2	8 – 2 = 6
6 – 3 = 3	7 – 3 = 4
8 – 3 = 5	6 – 1 = 5
3 – 1 = 2	3 – 2 = 1
4 – 1 = 3	5 – 1 = 4
5 – 3 = 2	9 – 1 = 8
7 – 2 = 5	3 – 3 = 0
9 – 2 = 7	9 – 3 = 6
5 – 2 = 3	4 – 3 = 1
6 – 2 = 4	7 – 1 = 6

Corrigés du livre de l'élève (p. 50)

324 4 4 6 4 7
3 0 1 0 2

325 2 5 0 2 3
1 6 8 5 1

326 5 6 3 7 6
4 4 2 2 0

327 7 roses

328 4 crayons

329 5 voitures

330 6 ans

331 2 €

332 3 œufs

333 3 tours

334 vrai : 6 faux : 4

Évaluation

9 – 3 =	8 – 1 =	7 – 2 =
6 – 3 =	5 – 2 =	
8 – 2 =	7 – 1 =	4 – 3 =
6 – 2 =	9 – 2 =	

Retrancher 1, 2, 3, à un nombre à deux chiffres

Piste de départ

Parmi les 11 joueurs de notre équipe, deux sont malades.

Dictée

série 1	série 2	série 3
14 – 3 = 11	17 – 3 = 14	23 – 3 = 20
13 – 1 = 12	15 – 3 = 12	27 – 2 = 25
12 – 2 = 10	19 – 2 = 17	20 – 3 = 17
11 – 2 = 9	17 – 2 = 15	22 – 3 = 19
11 – 3 = 8	16 – 3 = 13	25 – 3 = 22
16 – 2 = 14	18 – 3 = 15	29 – 1 = 28
12 – 3 = 9	18 – 1 = 17	28 – 3 = 25
14 – 2 = 12	15 – 2 = 13	31 – 2 = 29
13 – 2 = 11	19 – 3 = 16	30 – 3 = 27
18 – 2 = 16	21 – 2 = 19	24 – 2 = 22

Corrigés du livre de l'élève (pp. 51–52)

335 10 9 11 16 13
13 9 7 10 12

336 20 22 48 45 31
16 15 25 59 19

337 26 15 29 20 15
45 32 56 18 34

338 41 perles

339 19 jours

340 36 kg

341 32 voitures

342 10 flûtes

343 29 – 3 = 26

344

11	10	12	14	16
25	21	14	34	26

345

63	12	31	38	64
36	56	96	25	41

346

76	93	84	61	74
56	82	97	69	87

347 20 km

348 22 €

349 25 poules

350 15 ans

351 47 chèques

352 97 passagers

353 vrai : 76 vrai : 53

ÉVALUATION

1.

34 – 2 =	33 – 1 =	41 – 2 =
44 – 3 =	55 – 5 =	
28 – 2 =	29 – 1 =	36 – 3 =
62 – 2 =	54 – 3 =	

2. Sur un effectif de 24 joueurs, l'entraîneur d'une équipe déplore 3 blessés. De combien de joueurs peut-il disposer ?

3. Une réunion devait rassembler 36 personnes mais 2 sont absentes. Combien de personnes sont présentes ?

Retrancher 1, 2... ou 5 à un nombre à deux chiffres

PISTE DE DÉPART

Sur les 63 livres de notre bibliothèque de classe, 5 sont trop abîmés et devront être jetés.

On pourra demander aux élèves d'expliquer leur façon de procéder.
63 – 5 = (63 – 3) – 2 = 60 – 2 = 58

DICTÉE

série 1	série 2	série 3
24 – 4 = 20	32 – 3 = 29	40 – 4 = 36
28 – 5 = 23	39 – 5 = 34	64 – 5 = 59
26 – 3 = 23	63 – 2 = 61	89 – 3 = 86
37 – 3 = 34	68 – 5 = 63	75 – 4 = 71
38 – 4 = 34	72 – 1 = 71	93 – 3 = 90
56 – 4 = 52	67 – 4 = 63	51 – 2 = 49
46 – 2 = 44	85 – 3 = 82	47 – 4 = 43
58 – 5 = 53	70 – 4 = 66	68 – 4 = 64
44 – 5 = 39	39 – 5 = 34	74 – 3 = 71
57 – 5 = 52	48 – 4 = 44	88 – 5 = 83

CORRIGÉS DU LIVRE DE L'ÉLÈVE (PP. 53–54)

354

30	19	13	16	50
51	23	31	25	29

355

83	74	79	61	17
48	44	71	17	60

356

63	14	26	59	29
23	17	15	67	37

357 35 €

358 67 roses

359 78 kg

360 24 ans

361 25 cyprès

362 93

363

20	28	22	50	61
26	28	54	42	74

364

62	16	31	40	55
93	49	35	83	57

365

64	20	29	44	55
91	53	27	43	95

366 25 élèves

367 22 cm

368 29 min

369 38 images

370 92 €

371 63 – 2 67 – 5 66 – 3 68 – 3

Évaluation

1. 12 – 5 = 36 – 4 = 39 – 5 =
58 – 3 = 96 – 4 =
27 – 4 = 49 – 2 = 21 – 3 =
36 – 5 = 63 – 4 =

2. Un jardinier devait planter 38 bulbes de tulipes mais 5 sont abîmés. Combien de bulbes va-t-il finalement planter ?
3. Sur les 72 tartelettes commandées pour le repas de son association, monsieur Legourmand en a déjà mangé 4. Combien de tartelettes reste-t-il pour les autres membres ?

Retrancher 1, 2... ou 7 à un nombre à deux chiffres

Piste de départ

Sur les 34 chambres de l'hôtel Bellevue, 7 ne sont pas occupées.

On pourra demander aux élèves d'expliquer leur façon de procéder.
34 – 7 = (34 – 4) – 3 = 30 – 3 = 27

Dictée

série 1	série 2	série 3
23 – 3 = 20	31 – 2 = 29	44 – 8 = 36
34 – 5 = 29	14 – 6 = 8	39 – 8 = 31
56 – 4 = 52	63 – 7 = 56	73 – 8 = 65
42 – 6 = 36	77 – 4 = 73	57 – 8 = 49
82 – 7 = 75	91 – 5 = 86	66 – 8 = 58
28 – 4 = 24	35 – 2 = 33	81 – 8 = 73
53 – 6 = 47	41 – 7 = 34	20 – 8 = 12
32 – 3 = 29	76 – 5 = 71	17 – 8 = 9
83 – 5 = 78	94 – 7 = 87	62 – 8 = 54
74 – 6 = 68	46 – 4 = 42	90 – 8 = 82

Corrigés du livre de l'élève (pp. 55–56)

372 12 32 42 49 20
70 49 28 41 73

373 21 69 81 92 63
32 27 42 59 84

374 73 16 10 57 28
88 58 39 77 51

375 75 places

376 56 coureurs

377 17 €

378 76 min

379 25 élèves

380 92 : faux 29 : faux 56 : vrai

381 10 19 40 22 31
52 54 42 81 31

382 13 40 34 51 18
48 71 42 82 33

383 29 39 30 48 17
51 39 35 47 91

384 91 pages

385 29 photos

386 65 L

387 39 ha

388 67 lapins

389 57

Évaluation

1. 25 – 4 = 36 – 7 = 48 – 5 =
52 – 6 = 60 – 3 =
74 – 2 = 86 – 7 = 45 – 6 =
24 – 6 = 33 – 7 =

2. Sur les 32 musiciens de la fanfare, 6 sont indisponibles pour le défilé. Combien de musiciens seront présents aujourd'hui ?
3. Monsieur Édouard pesait 83 kg mais maintenant, à la fin de son régime, il a perdu 7 kg. Quel est son poids actuel ?

Corrigés de l'évaluation
1. 21 – 29 – 43 – 46 – 57
72 – 79 – 39 – 18 – 26
2. 26 musiciens
3. 76 kg

Retrancher 10

Piste de départ

57 équipages sont inscrits au départ du rallye du Désert, soit 10 de plus que l'an dernier.

Insister sur l'importance d'identifier le nombre de dizaines du 1er terme.
57 – 10 = 47

Dictée

série 1	série 2	série 3
27 – 10 = 17	102 – 10 = 92	125 – 10 = 115
38 – 10 = 28	124 – 10 = 114	416 – 10 = 406
45 – 10 = 35	236 – 10 = 226	358 – 10 = 348
63 – 10 = 53	230 – 10 = 220	987 – 10 = 977
52 – 10 = 42	47 – 10 = 37	777 – 10 = 767
87 – 10 = 77	136 – 10 = 126	560 – 10 = 550
77 – 10 = 67	254 – 10 = 244	402 – 10 = 392
46 – 10 = 36	315 – 10 = 305	131 – 10 = 121
81 – 10 = 71	472 – 10 = 462	1 578 – 10 = 1 568
96 – 10 = 86	569 – 10 = 559	2 634 – 10 = 2 624

Corrigés du livre de l'élève (pp. 57–58)

390	2	5	22	13	11
	38	27	34	16	9
391	51	67	84	75	36
	18	53	42	85	24
392	61	23	25	46	10
	71	32	77	48	64

393 40 €
394 63 kg
395 45 €
396 81 €
397 225

398	4	29	24	17	31
	12	27	35	18	43
399	52	59	47	58	62
	73	54	89	76	60
400	88	69	65	50	81
	74	42	63	56	77

401 3 L
402 54 €
403 69 €
404 89 €
405 87

Évaluation

1. 45 – 10 = 89 – 10 = 57 – 10 =
124 – 10 = 532 – 10 =
333 – 10 = 218 – 10 = 498 – 10 =
451 – 10 = 236 – 10 =

2. Un film qui durait 107 minutes a été raccourci de 10 minutes. Quelle est maintenant sa durée ?

3. Monsieur Dumollet a acheté un vélo affiché 299 € mais il a bénéficié d'une réduction de 10 €. Combien a-t-il payé son vélo ?

Corrigés de l'évaluation

1. 35 – 79 – 47 – 114 – 522
323 – 208 – 488 – 441 – 226
2. 97 min
3. 289 €

Retrancher deux multiples de 10

Piste de départ

Mon arrière-grand-père a 90 ans.
Mon grand-père a 30 ans de moins.

90 – 30, c'est 9 dizaines moins 3 dizaines : il reste donc 6 dizaines ou 60 unités.
90 – 30 = (9 – 3) x 10 = 6 x 10 = 60

Dictée

série 1	série 2	série 3
80 – 30 = 50	160 – 50 = 110	140 – 30 = 110
60 – 50 = 10	200 – 60 = 140	330 – 20 = 310
100 – 40 = 60	220 – 40 = 180	290 – 50 = 240
70 – 30 = 40	190 – 70 = 120	360 – 40 = 320

série 1	série 2	série 3
150 – 20 = 130	240 – 30 = 210	840 – 30 = 810
90 – 40 = 50	110 – 80 = 30	450 – 50 = 400
140 – 20 = 120	180 – 60 = 120	690 – 80 = 610
120 – 20 = 100	320 – 40 = 280	340 – 30 = 310
130 – 40 = 90	170 – 50 = 120	520 – 40 = 480
80 – 40 = 40	260 – 30 = 230	480 – 60 = 420

Corrigés du livre de l'élève (pp. 59–60)

406 10 20 20 10 50
40 30 10 60 30

407 30 50 40 20 70
20 40 10 20 50

408 30 10 100 20 500
100 100 10 250 50

409 20 €

410 60 km

411 80 €

412 60 km

413 30 < 20 faux 60 > 40 vrai

414 250 200 250 400
220 280 160 110
90 320

415 120 180 320 500 220
120 730 530 790 510

416 220 390 810 580 510
310 390 470 810 560

417 480 m

418 90 points

419 230 €

420 340 passagers

421 360

Évaluation

1. 80 – 30 = 60 – 40 = 140 – 60 =
120 – 30 = 210 – 30 =
260 – 50 = 360 – 40 = 520 – 60 =
270 – 30 = 290 – 70 =

2. Un appareil radio CD anciennement proposé au prix de 130 € affiche une réduction de 50 €. À quel prix est-il maintenant vendu ?

3. M. Bourgoin avait un trajet de 260 km à accomplir. Il a déjà effectué 70 km. Quelle distance lui reste-t-il à parcourir ?

Corrigés de l'évaluation

1. 50 – 20 – 80 – 90 – 180
210 – 320 – 460 – 240 – 220

2. 80 €

3. 190 km

Retrancher un multiple de 10 d'un nombre à deux chiffres

Piste de départ

Il y a quelques années, le trajet entre deux villes représentait 97 km. L'autoroute a permis de gagner 20 km.

On pourra demander aux élèves d'expliquer comment ils procèdent :
97 – 20 = (90 – 20) + 7 = 70 + 7 = 77
ou directement 97 – 20 = 77

série 1	série 2	série 3
27 – 20 = 7	93 – 50 = 43	47 – 30 = 17
48 – 20 = 28	41 – 20 = 21	95 – 60 = 35
55 – 30 = 25	68 – 40 = 28	99 – 50 = 49
63 – 40 = 23	83 – 30 = 53	84 – 50 = 34
74 – 60 = 14	44 – 30 = 14	59 – 30 = 29
82 – 30 = 52	75 – 40 = 35	78 – 40 = 38
91 – 30 = 61	64 – 30 = 34	86 – 40 = 46
37 – 20 = 17	36 – 20 = 16	79 – 30 = 49

Dictée

série 1	série 2	série 3
56 – 20 = 36	57 – 30 = 27	88 – 30 = 58
39 – 30 = 9	53 – 20 = 33	96 – 70 = 26

Corrigés du livre de l'élève (pp. 61–62)

422 7 13 4 31 29
18 18 56 13 25

423

18	37	12	9	34
76	43	21	22	15

424

32	15	9	48	16
21	43	28	29	57

425 58 €

426 23 jours

427 26 ans

428 34 paquets

429 57 kg

430 vrai faux : 18

431

58	14	36	29	42
61	42	34	27	16

432

44	49	11	22	6
15	7	13	28	32

433

47	3	25	18	33
49	43	17	39	61

434 85 paquets

435 72 places

436 207 cm

437 66 arrivants

438 44

Évaluation

1. 58 – 30 = 79 – 20 = 37 – 20 =
51 – 30 = 67 – 30 =
74 – 40 = 83 – 40 = 91 – 70 =
55 – 20 = 72 – 50 =

2. D'un fût contenant 66 litres de vin, on a soutiré 30 litres. Quelle quantité de vin reste-t-il dans le fût ?

3. L'an dernier, Martin avait terminé 79e de la course pédestre de son village. Cette année, il a gagné 50 places. Quel est son classement cette année ?

Corrigés du livre de l'élève

1. 28 – 59 – 17 – 21 – 37
34 – 43 – 21 – 35 – 22

2. 36 litres

3. 29^e^

Retrancher 9

Piste de départ

La famille Guérard dispose de 21 jours de vacances. Elle en passera 9 au bord de la mer et le reste à la campagne.

Retrancher 9 = retrancher 10 et ajouter 1.

Dictée

série 1	série 2	série 3
26 – 9 = 17	33 – 9 = 24	73 – 9 = 64
15 – 9 = 6	48 – 9 = 39	80 – 9 = 71
51 – 9 = 42	125 – 9 = 116	132 – 9 = 123
18 – 9 = 9	55 – 9 = 46	164 – 9 = 155
24 – 9 = 15	87 – 9 = 78	66 – 9 = 57
38 – 9 = 29	64 – 9 = 55	71 – 9 = 62
42 – 9 = 33	76 – 9 = 67	128 – 9 = 119
14 – 9 = 5	45 – 9 = 36	112 – 9 = 103
53 – 9 = 44	68 – 9 = 59	245 – 9 = 236
22 – 9 = 13	82 – 9 = 73	344 – 9 = 335
36 – 9 = 27	91 – 9 = 82	585 – 9 = 576

Corrigés du livre de l'élève (pp. 63–64)

439

5	1	8	4	12
7	9	11	6	10

440

14	26	33	38	3
19	27	55	41	22

441

48	61	74	52	25
16	44	37	64	77

442 41 cassettes

443 224 cm

444 46 places

445 131 arrivants

446 (17 – 9) – 9

447

4	19	26	67	75
90	71	858	73	32

448

135	120	101	122	156
133	164	147	131	112

449	308	694	616	403	549
	990	867	811	775	991

450 41 €

451 396 cm

452 187 enfants

453 29 ans

454 46 – 9

Évaluation

1. 56 – 9 = 96 – 9 = 88 – 9 =
37 – 9 = 51 – 9 =
125 – 9 = 314 – 9 = 234 – 9 =
84 – 9 = 96 – 9 =

2. Le grand-père de Sam a 76 ans, sa grand-mère 9 ans de moins. Quel est l'âge de la grand-mère de Sam ?

3. Lise a acheté un manteau au prix de 44 €. Rentrée chez elle, elle le trouve trop grand et le revend à sa sœur 9 € de moins. À quel prix la sœur de Lise a-t-elle acheté le manteau ?

Corrigés de l'évaluation

1. 47 – 87 – 79 – 28 – 42
116 – 305 – 225 – 75 – 87

2. 67 ans

3. 35 €

Retrancher deux nombres à deux chiffres (sans retenue)

Piste de départ

Un lecteur CD est affiché 63 € dans un hypermarché « Croisement ». Le même lecteur CD est affiché 15 € de moins dans un hypermarché « Aupré ».

Insister sur la décomposition :
63 – 15 = (63 – 10) – 5 = 53 – 5 = 48

Dictée

série 1	série 2
18 – 17 = 1	16 – 13 = 3
26 – 16 = 10	58 – 17 = 41
48 – 15 = 33	43 – 12 = 31
62 – 12 = 50	39 – 18 = 21
95 – 14 = 81	94 – 12 = 82
34 – 12 = 22	73 – 11 = 62
55 – 13 = 42	25 – 14 = 11
86 – 12 = 74	46 – 13 = 33
28 – 11 = 17	98 – 17 = 81

série 3	série 4
63 – 22 = 41	39 – 17 = 22
88 – 21 = 67	63 – 11 = 52
42 – 22 = 20	54 – 12 = 42
19 – 17 = 2	59 – 21 = 38
37 – 26 = 11	15 – 12 = 3
69 – 41 = 28	86 – 22 = 64
27 – 12 = 15	26 – 12 = 14
84 – 14 = 70	56 – 11 = 45
26 – 13 = 13	57 – 14 = 43

Corrigés du livre de l'élève (pp. 65–66)

455	36	48	22	15	50
	50	34	31	41	50
456	50	33	10	10	10
	60	50	40	20	30
457	50	50	10	20	40
	44	10	20	30	80

458 30 h

459 50 bouteilles

460 50 livres

461 Non, il manquera 1 place.

462	20	10	20	10	30
	20	20	30	10	20
463	47	34	52	20	42
	33	47	67	61	41
464	12	32	53	32	11
	41	31	10	73	23

465 22 €

466 50 lapins

467 80 pages

468 30 numéros

469 32 dents

Évaluation

1. 54 – 13 = 38 – 14 = 64 – 11 =
78 – 27 = 89 – 33 =
27 – 17 = 94 – 12 = 55 – 23 =
73 – 22 = 97 – 25 =

2. 39 personnes sont dans un bus. 15 d'entre elles descendent à un premier arrêt. Combien de personnes sont encore dans le bus quand il repart ?

3. Enzo a écrit une liste de 28 pays. Il connaît les capitales de 17 d'entre eux. Pour combien de ces pays ignore-t-il la capitale ?

Corrigés de l'évaluation

1. 41 – 24 – 53 – 51 – 56
10 – 82 – 32 – 51 – 72

2. 24 personnes

3. 11 pays

Retrancher 18, 19, 28, 29...

Piste de départ

Un appareil photo est vendu 139 € dans un hypermarché « Aupré ». Le même appareil photo est affiché 18 € de moins dans un hypermarché « Croisement ».

Se référer au travail sur « retrancher 9 ».
Ex : retrancher 18, c'est retrancher 20 et ajouter 2.

Dictée

série 1	série 2	série 3
37 – 18 = 19	23 – 19 = 4	74 – 29 = 45
28 – 19 = 9	62 – 17 = 45	40 – 28 = 12
49 – 28 = 21	94 – 39 = 55	104 – 18 = 86
56 – 48 = 8	71 – 28 = 43	128 – 48 = 80
33 – 18 = 15	92 – 49 = 43	125 – 37 = 88
27 – 19 = 8	81 – 39 = 42	76 – 68 = 8
42 – 29 = 13	24 – 18 = 6	69 – 48 = 21
55 – 39 = 16	53 – 17 = 36	80 – 49 = 31
26 – 17 = 9	66 – 28 = 38	88 – 19 = 69
32 – 28 = 4	147 – 37 = 110	119 – 18 = 101

Corrigés du livre de l'élève (pp. 67–68)

470 39 38 105 45 30
13 68 68 17 55

471 69 54 37 35 66
53 36 36 56 59

472 50 18 107 127 165
105 133 181 128 46

473 127 103 108 124 125
204 222 188 221 199

474 211 kg

475 386 €

476 229 ha

477 105 pulsations

478 111 cahiers

479 144 182

480 67 53 33 24 106
49 110 27 29 57

481 134 135 157 101 191
119 195 134 200 160

482 125 198 202 156 205
294 373 356 314 347

483 476 413 637 724 409
1 206 707 789 931 1 308

484 17 photos

485 8 cm

486 23 L

487 51 cubes

488 77 pages

489 298 354

Évaluation

1. 137 – 18 = 93 – 19 = 65 – 29 =
133 – 17 = 257 – 48 =
94 – 58 = 81 – 17 = 166 – 19 =
230 – 29 = 458 – 19 =

2. Les coureurs d'un rallye–raid avaient une étape de 372 km à parcourir. Un premier contrôle de passage est prévu au 59e kilo-

mètre. Combien de kilomètres restera-t-il alors à parcourir ?
3. Maxime a payé 295 € pour un séjour d'une semaine en village de vacances. Ce prix inclut les 19 € d'assurance annulation. Quel est le prix de la semaine de vacances ?

Corrigés de l'évaluation
1. 119 – 74 – 36 – 116 – 209
36 – 64 – 147 – 201 – 439
2. 313 km
3. 276 €

Compléter à 100

Piste de départ

Combien manque-t-il à chacun de ces concurrents d'un jeu télévisé pour atteindre le total de 100 points ?
Simon : 88 Eléonore : 76 César : 48
Amélia : 91 Candice : 68

Dictée

série 1	série 2
100 = 60 + 40	100 = 83 + 17
100 = 30 + 70	100 = 9 + 91
100 = 5 + 95	100 = 56 + 44
100 = 85 + 15	100 = 94 + 6
100 = 40 + 60	100 = 72 + 28
100 = 12 + 88	100 = 44 + 56
100 = 51 + 49	100 = 88 + 12
100 = 92 + 8	100 = 69 + 31
100 = 65 + 35	100 = 21 + 79
100 = 19 + 81	100 = 38 + 62

Corrigés du livre de l'élève (p. 69)

490 90 70 50 20
80 75 10 40
60 30

491 25 95 98 91
82 85 55 88
79 67

492 65 45 35 8
26 19 71 44
76 49

493 75 feuilles

494 55 €

495 18 ans

496 45 m²

497 38 km

Évaluation

1. 100 = 36 + … 100 = 47 + …
100 = 34 + … 100 = 77 + …
100 = 64 + … 100 = 82 + …
100 = 68 + … 100 = 55 + …
100 = 86 + … 100 = 42 + …
2. M. Werther a réglé un achat avec un billet de 100 €. Le vendeur lui a rendu 34 €. Quel était le prix de cet achat ?
3. 100 places étaient proposées à un concours. Valentin a été reçu 26e. Combien de personnes ont été reçues derrière lui ?

Corrigés de l'évaluation
1. 64 – 66 – 36 – 32 – 14
53 – 23 – 18 – 45 – 58
2. 66 €
3. 74 personnes

Retrancher un nombre entier d'un nombre décimal

Piste de départ

Sonia et Mehdi se sont pesés sur le pèse-personne de la maison. Mehdi pèse 47,5 kg et Sonia 13 kg de moins.

47, 5 – 13 = (47 – 13) + 0,5 = 34 + 0,5 = 34,5

Dictée

série 1	série 2	série 3
5,3 - 3 = 2,3	14,38 - 6 = 8,38	202,2 - 3 = 199,2
6,8 - 2 = 4,8	85,15 - 15 = 70,15	56,87 - 4 = 52,87
9,4 - 5 = 4,4	64,62 - 12 = 52,62	19,9 - 12 = 7,9
12,5 - 11 = 1,5	150,9 - 40 = 110,9	87,42 - 17 = 70,42
14,6 - 9 = 5,6	34,7 - 30 = 4,7	10,28 - 6 = 4,28
17,9 - 13 = 4,9	23,70 - 13 = 10,70	56,58 - 13 = 43,58
23,14 - 10 = 13,14	48,55 - 11 = 37,55	12,35 - 8 = 4,35
32,5 - 20 = 12,5	69,9 - 13 = 56,9	96,7 - 7 = 89,7
48,56 - 7 = 41,56	75,18 - 14 = 61,18	160,3 - 11 = 149,3
29,12 - 8 = 21,12	80,34 - 15 = 65,34	320,8 - 6 = 314,8

Corrigés du livre de l'élève (pp. 70–71)

498 10,4 3,4 30,2 30,7
10,9 40,8 49,8 20,5
10,1 20,6

499 10,3 20,2 50,6 50,5
50,2 20,7 37,4 70,8
70,3 40,9

500 20,3 30,7 57,4 30,2
50,8 70,6 100,2 51,5
120,9 400,4

501 40,5 L

502 100,5 km/h

503 21,4 ha

504 73,7 – 30

505 24,4 23,5 50,7 42,8 32,2
72,3 51,4 90,6 81,1 32,9

506 91,9 131,2 253,1 401,9
392,6 200,3 505,5 101,4
300,8 450,7

507 201,9 500,6 302,5 209,7
191,2 360,9 481,1 410,6
250,4 410,3

508 10,60 €

509 28,5 L

510 50,5 km/h

511 210,90 €

512 vrai

Évaluation

1. 18,5 – 7 = 74,3 – 22 =
56,25 – 36 = 289,3 – 90 =
140,39 – 25 = 218,1 – 99 =
31,45 – 17 = 20,258 – 12 =
84,12 – 78 =

2. Pour la réfection d'un bâtiment, des peintres disposaient de 42,5 litres de peinture. Ils en ont utilisé 38 litres. Quelle quantité de peinture leur reste-t-il ?

3. Une cartouche d'imprimante qui était auparavant vendue 36,25 € est maintenant proposée au prix de 34 €. De combien son prix a-t-il baissé ?

Corrigés de l'évaluation

1. 11,5 – 52,3 – 20,25 – 199,3
115,39 – 119,1 – 14,45 – 8,258 – 6, 12

2. 4,5 litres

3. 2,25 €

Retrancher un nombre décimal d'un nombre entier

Piste de départ

Mme Lisa a acheté une cafetière électrique qui était affichée 48 € mais le vendeur lui a fait une réduction de 4,8 €.

48 – 4,8 = (48 – 4) – 0,8 = 44 – 0,8 = 43,2

Dictée

série 1	série 2	série 3
5 - 1,5 = 3,5	14 - 1,25 = 12,75	10 - 5,5 = 4,5
8 - 0,5 = 7,5	21 - 2,5 = 18,5	19 - 4,25 = 14,75
4 - 2,5 = 1,5	24 - 0,5 = 23,5	22 - 0,75 = 21,25

série 1	série 2	série 3
7 – 1,2 = 5,8	16 – 0,25 = 15,75	37 – 7,25 = 29,75
6 – 3,5 = 2,5	18 – 6,5 = 11,5	46 – 5,2 = 40,8
10 – 4,5 = 5,5	9 – 4,95 = 4,05	8 – 6,8 = 1,2
3 – 1,3 = 1,7	5 – 1,2 = 3,8	15 – 2,7 = 12,3
9 – 1,1 = 7,9	13 – 3,5 = 9,5	23 – 0,6 = 22,4
2 – 0,8 = 1,2	11 – 1,5 = 9,5	2 – 1,9 = 0,1
12 – 4,9 = 7,1	20 – 12,5 = 7,5	16 – 7,3 = 8,7

Corrigés du livre de l'élève (pp. 72–73)

513 0,5 0,5 1,5 2,5 9,5
5,9 6,5 9,5 (15 – 12,5 = 2,5) 2,8

514 0,5 4,5 1,2 19,8 14,5
4,5 40,1 0,1 4,6 70,5

515 20,2 59,9 50,3 30,5 87,2
40,4 10,9 30,8 80,2 1,7

516 24,5 km

517 47,20 €

518 79,20 g

519 124,5 €

520 faux : 20,8

521 99,8 64,9 59,6 60,5
0,6 99,2 29,8 49,3
500,4 81,5

522 70,5 50,5 0,1 199,5
900,5 305,2 100,4 250,8
120,5 360,2

523 70,7 60,8 200,1 100,6
80,3 99,5 350,1 499,5
49,5 300,2

524 100,5 m

525 199,5 L

526 200,50 €

527 11,50 m

528 61,5 < 60,5 faux 499,5 < 501,5 vrai

Évaluation

1. 12 – 4,5 = 16 – 3,1 = 8 – 2,2 =
50 – 2,5 = 100 – 20,2 =
64 – 14,3 = 75 – 25,4 = 33 – 2,3 =
54 – 8,4 = 165 – 14,1 =

2. Un nouveau tronçon d'autoroute devant représenter 16 km est déjà construit sur une longueur de 10,4 km. Quelle est la longueur du tronçon restant à construire ?

3. D'un bidon contenant 3 litres d'eau, on a soutiré une bouteille de 0,5 litre. Quelle quantité d'eau reste-t-il dans la bouteille ?

Corrigés de l'évaluation

1. 7,5 – 12,9 – 5,8 – 47,5 – 79,8
49,7 – 49,6 – 30,7 – 45,6 – 150,9

2. 5,6 km

3. 2,5 litres

Soustraire deux grands nombres

Piste de départ

La superficie de la mer d'Aral est passée en quelques années de 64 000 km² à 35 000 km².

On pourra commencer par une observation de plusieurs soustractions afin que chaque élève propose sa façon de procéder.

Dictée

série 1	série 2
5 000 – 4 000 = 1 000	22 000 – 15 000 = 7 000
3 000 – 1 500 = 1 500	36 000 – 1 500 = 34 500
4 000 – 700 = 3 300	41 000 – 9 000 = 32 000
6 000 – 1 300 = 4 700	20 000 – 13 000 = 7 000
2 900 – 1 200 = 1 700	53 500 – 2 000 = 51 500
7 000 – 700 = 6 300	8 300 – 900 = 7 400
15 000 – 9 000 = 6 000	120 000 – 70 000 = 50 000
6 300 – 4 300 = 2 000	15 000 – 7 000 = 8 000
22 200 – 10 000 = 12 200	600 000 – 150 000 = 450 000
2 000 – 200 = 1 800	320 000 – 50 000 = 270 000

Corrigés du livre de l'élève (pp. 74–75)

529

500	3 100
200	3 100
500	4 500
3 500	11 900
800	9 500

530

10 000	22 000
41 500	55 000
27 100	20 500
82 500	125 000
32 000	40 000

531

21 000	35 000
6 000	25 000
55 000	90 000
50 000	50 000
32 000	80 000

532 5 000 L

533 50 500 t

534 780 000 km

535 40 000 km

536

200	5 500
800	5 000
1 200	5 500
1 500	19 000
2 500	27 000

537

110 000	190 000
423 000	336 000
180 000	558 000
417 000	10 000
60 000	715 000

538

2 500 000	201 000
1 300 000	750 000
2 200 000	3 500 000
1 500 000	6 000 000
5 500 000	4 050 000

539 45 000 000 voyageurs

540 20 000 000 habitants

541 2 000 000

Évaluation

1. 3 000 – 400 = 6 000 – 200 =
54 000 – 2 500 = 12 000 – 5 500 =
140 000 – 15 000 = 1 700 000 – 650 000 =
290 000 – 85 000 =
2 600 000 – 1 200 000 =
8 900 000 – 5 200 000 =

2. Une ville qui totalisait 325 000 habitants il y a dix ans comptabilise aujourd'hui 380 000 habitants. De combien d'habitants la population a-t-elle augmenté en dix ans ?

3. Un pays européen qui avait produit 14 300 000 tonnes de blé il y a trois ans a vu cette année sa production passer à 16 800 000 tonnes. Quelle a été l'augmentation de sa production de blé en trois ans ?

Corrigés de l'évaluation

1. 2 600 – 5 800 – 51 500 – 6 500
125 000 – 1 050 000
205 000 – 1 400 000 – 3 700 000

2. 55 000 habitants

3. 2 500 000 tonnes

Décomposer une différence

Piste de départ

Une entreprise devait expédier 324 colis avant la fin de la semaine. Le jeudi soir, 288 colis ont déjà été expédiés.

L'objectif est de démontrer aux élèves que la soustraction posée n'est pas une nécessité dès lors que les termes se complexifient. On pourra ensuite, éventuellement, prolonger le travail par des soustractions décomposées oralement et collectivement.

Corrigés du livre de l'élève (p. 76)

Le calcul ne sera pas obligatoirement écrit.

542 **a)** 38 – 12 = 38 – (10 + 2) = 28 – 2 = 26
49 – 17 = 49 – (10 + 7) = 39 – 7 = 32
58 – 14 = 58 – (10 + 4) = 48 – 4 = 44
83 – 21 = 83 – (20 + 1) = 63 – 1 = 62
64 – 32 = 64 – (30 + 2) = 34 – 2 = 32
b) 46 – 13 = 46 – (10 + 3) = 36 – 3 = 33
57 – 11 = 57 – (10 + 1) = 47 – 1 = 46
69 – 18 = 69 – (10 + 8) = 59 – 8 = 51 ou 69 – (20 + 2)

36 – 14 = 36 – (10 + 4) = 26 – 4 = 22
84 – 33 = 84 – (30 + 3) = 54 – 3 = 51

543 a) 96 – 35 = 61
89 – 16 = 73
126 – 14 = 112
139 – 13 = 126
168 – 14 = 154
b) 213 – 12 = 201
365 – 24 = 341
279 – 36 = 243
445 – 32 = 413
349 – 24 = 325

544 a) 386 – 42 = 344
566 – 24 = 542
288 – 37 = 251
833 – 22 = 811
947 – 35 = 912
b) 786 – 63 = 723
352 – 41 = 311
675 – 44 = 631
859 – 37 = 822
478 – 26 = 452

545 846 – 137 = 846 – (100 + 30 + 7) =
746 – (30 + 7) = 716 – 7 = 709
763 – 216 = 763 – (200 + 10 + 6) =
563 – (10 + 6) = 553 – 6 = 547
538 – 257 = 538 – (200 + 50 + 7) =
338 – (50 + 7) = 288 – 7 = 281
666 – 324 = 666 – (300 + 20 + 4) =
366 – (20 + 4) = 346 – 4 = 342

546 1 036 – 436 = 600
933 – 251 = 682
927 – 168 = 759
678 – 354 = 324

547 2 736 – 461 = 2 275
3 685 – 1 322 = 2 363
6 816 – 307 = 6 509
2 779 – 736 = 2 043

548 53 jours

549 383 coureurs

550 286 €

551 292 km

Évaluation

Décompose les soustractions suivantes :
1. 634 – 329 = 575 – 268 =
907 – 562 =
2. 856 – 475 = 1 236 – 415 =
2 174 – 659 =
3. La gestation est le temps que met l'embryon pour se développer, entre le moment de la fécondation et celui de l'accouchement. La durée de gestation chez l'éléphante est de 620 jours. Si la fécondation remonte à 176 jours, dans combien de temps l'éléphanteau va-t-il naître ?
4. Afin d'honorer ses commandes, une usine devait produire 1 375 téléviseurs avant la fin de la semaine. Le jeudi, 948 téléviseurs sont prêts à être expédiés. Combien en reste-t-il encore à fabriquer ?

Corrigés de l'évaluation
1. 634 – 329 = 634 – (300 + 20 + 9) =
334 – (20 + 9) = 314 – 9 = 305
575 – 268 = 575 – (200 + 60 + 8) =
375 – (60 + 8) = 315 – 8 = 307
907 – 562 = 907 – (500 + 60 + 2) =
407 – (60 + 2) = 347 – 2 = 345
2. 856 – 475 = 856 – (400 + 70 + 5) =
456 – (70 + 5) = 386 – 5 = 381
1 236 – 415 = 1 236 – (400 + 10 + 5) =
836 – (10 + 5) = 826 – 5 = 821
2 174 – 659 = 2 174 – (600 + 50 + 9) =
1 574 – (50 + 9) = 1 524 – 9 = 1 515
3. 620 – 176 = 620 – (100 + 70 + 6) =
520 – (70 + 6) = 450 – 6 = 444
4. 1 375 – 948 = 1 375 – (900 + 40 + 8) =
475 – (40 + 8) = 435 – 8 = 427

Ordre de grandeur d'une différence

Piste de départ

M. et Mme Manéci ont acheté un ensemble home-cinéma d'une valeur de 1 399 € qu'ils payent en plusieurs fois. Ils ont déjà payé 800 €.

Le but est de montrer aux élèves que le calcul de l'ordre de grandeur d'un résultat revêt deux intérêts : résultat approché dès lors qu'il est suffisant dans la situation donnée, vérification de la plausibilité d'un résultat calculé par calcul posé ou instrumenté.

On retravaillera sur l'arrondi : pour 821, j'arrondis à 800 ; pour 871, j'arrondis à 900.
1 721 – 889 ≃ 1 700 – 900 ≃ 800

Corrigés du livre de l'élève (pp. 77–78)

552 50 30
50 60
30 30
40 400
70 100

553 200 340
100 150
300 150
120 300
400 450

554 340 €

555 410 m

556 600 m

557 250 €

558 200 150 250

559 100 100
70 700
300 550
600 500
230 380

560 50 390
100 500
300 350
400 240
700 250

561 200 €

562 900 spectateurs

563 200 €

564 2 000 véhicules

565 500 600 400

Évaluation

1. Choisis le bon résultat parmi les trois proposés.

63 – 21 ≃	30	40	50
542 – 335 ≃	200	250	300
79 – 38 ≃	40	50	60
818 – 420 ≃	350	400	450
231 – 84 ≃	120	150	170
1 216 – 610 ≃	500	550	600
901 – 602 ≃	250	300	350
259 – 63 ≃	150	200	250
732 – 123 ≃	500	600	700
654 – 96 ≃	450	500	550

2. Au cours d'un tournoi de jeu vidéo, le gagnant a totalisé 812 points, le second ayant marqué 740 points. La différence entre les deux joueurs est d'environ : 50 points ? 60 points ? 70 points ?

3. Au cours d'une semaine de randonnée, un groupe de cyclotouristes a prévu de parcourir 725 km. À la veille du dernier jour, le groupe a déjà roulé durant 593 km. La longueur de leur dernière étape est d'environ : 110 km ? 120 km ? 130 km ?

Corrigés de l'évaluation

1. 63 – 21 ≃ 40 542 – 335 ≃ 200
79 – 38 ≃ 40 818 – 420 ≃ 400
231 – 84 ≃ 150 1 216 – 6 10 ≃ 600
901 – 602 ≃ 300 259 – 63 ≃ 200
732 – 123 ≃ 600 654 – 96 ≃ 550

2. 70 points

3. 130 km

La soustraction : synthèse

566 22 30 51 69 110
80 43 17 22,5 15

567 60 41 74 50 81
60 35,5 60,5 4 100 160

568 52 25,5 42 83 91
58 220 83 22 6 900

569 45 49 24 15
10,6 75 135,3 2,5
800 33 000

570	32	32	20	130
	31,6	51,6	10,2	85,5
	1 100	206 000		
571	39	590	70	56
	30,7	5,5	7,5	3,5
	250	190 000		
572	32	39	79	60
	255	50	55,5	7,5
	101	120 000		
573	53	59	52	467
	50,8	32,5	55	110
	1 200	700 000		
574	13	87	467	600
	98,2	52	52,5	80,8
	41,5	500 000		
575	80	31	67	48,5
	34	160	70	669
	810	380 000		

576 200

577 200 km

578 3 000 L

579 15 €

580 1991

581 30 m

582 20 clichés

583 Oui, il restera 10,50 €.

584 380 000 km

IV Multiplier et diviser

Multiplier par 2, 3 un nombre à un chiffre

Travail sur les tables de multiplication

Dictée

série 1	série 2
5 x 2 =	9 x 2 =
1 x 2 =	6 x 2 =
3 x 3 =	5 x 3 =
7 x 2 =	4 x 2 =
1 x 3 =	8 x 3 =
3 x 2 =	8 x 2 =
0 x 3 =	6 x 3 =
2 x 2 =	0 x 2 =
7 x 3 =	4 x 3 =
2 x 3 =	9 x 3 =

Corrigés du livre de l'élève (p. 82)

585 2 6 0 10 14
9 15 18 21 12

586 8 16 12 18 0
14 3 24 15 6

587 0 14 18 18 27
2 21 12 24 18

588 12 œufs

589 10 L

590 16 portions

591 14 heures

592 10 fraises

593 6 x 3 9 x 2

Évaluation

3 x 2 =	8 x 3 =	4 x 2 =
9 x 3 =	9 x 2 =	
4 x 3 =	6 x 2 =	6 x 3 =
5 x 2 =	7 x 3 =	

Multiplier par 4, 5 un nombre à un chiffre

Travail sur les tables de multiplication

Dictée

série 1	série 2
2 x 4 =	8 x 4 =
4 x 5 =	2 x 5 =
6 x 4 =	8 x 5 =
1 x 5 =	1 x 4 =
4 x 4 =	3 x 5 =
0 x 5 =	7 x 5 =
5 x 4 =	5 x 5 =
6 x 5 =	0 x 4 =
3 x 4 =	9 x 5 =
7 x 4 =	9 x 4 =

Corrigés du livre de l'élève (p. 83)

594 8 25 28 4 32
15 0 35 24 36

595 5 28 12 30 0
20 40 10 45 25

596 35 32 15 8 16
24 20 40 30 8

597 faux, 24

598 45 perles

599 40 joueurs

600 9 x 5

Évaluation

6 x 4 =	4 x 5 =	7 x 4 =	8 x 4 =	7 x 5 =	9 x 5 =
6 x 5 =	9 x 4 =		0 x 5 =	3 x 4 =	

Multiplier par 6, 7 un nombre à un chiffre

Travail sur les tables de multiplication

Dictée

série 1	série 2
5 x 6 =	3 x 6 =
1 x 6 =	1 x 7 =
4 x 7 =	8 x 7 =
2 x 6 =	2 x 7 =
6 x 6 =	9 x 6 =
3 x 7 =	5 x 7 =
8 x 6 =	0 x 6 =
4 x 6 =	6 x 7 =
0 x 7 =	9 x 7 =
7 x 6 =	7 x 7 =

Corrigés du livre de l'élève (p. 84)

601 6 18 48 0 42
14 35 56 21 63

602 24 36 12 7 18
28 30 49 42 14

603 35 56 0 54 48
63 49 14 42 30

604 42 km

605 54 €

606 24 fauteuils

607 48

Évaluation

7 x 6 =	6 x 7 =	3 x 6 =
8 x 7 =	4 x 7 =	
9 x 6 =	7 x 7 =	5 x 6 =
6 x 6 =	9 x 7 =	

Multiplier par 8, 9 un nombre à un chiffre

Travail sur les tables de multiplication

Dictée

série 1	série 2
5 x 9 =	2 x 9 =
4 x 8 =	7 x 9 =
1 x 9 =	6 x 9 =
1 x 8 =	3 x 9 =
4 x 9 =	6 x 8 =
2 x 8 =	0 x 8 =
7 x 8 =	9 x 8 =
3 x 8 =	5 x 8 =
0 x 9 =	8 x 9 =
9 x 9 =	8 x 8 =

Corrigés du livre de l'élève (p. 85)

608 16 40 18 24 9
32 63 56 0 27

609 8 24 36 48 45
27 40 54 64 63

610 45 48 81 72 54
56 64 72 36 32

611 32 €

612 16 L

613 81 €

614 8 x 3 = 24
8 x 7 = 56
9 x 5 = 45

Évaluation

4 x 8 = 9 x 9 = 0 x 8 = 4 x 9 = 6 x 8 = 7 x 8 = 5 x 9 = 9 x 8 = 7 x 9 = 3 x 9 =

Tables de multiplication : dictée

7 x 8 =	9 x 8 =	2 x 8 =	3 x 6 =	0 x 6 =	2 x 7 =
4 x 7 =	8 x 7 =	1 x 8 =	3 x 9 =	1 x 6 =	1 x 7 =
4 x 4 =	3 x 5 =	8 x 6 =	9 x 7 =	4 x 6 =	4 x 9 =
6 x 8 =	6 x 4 =	8 x 5 =	0 x 8 =	5 x 6 =	3 x 8 =
5 x 8 =	1 x 9 =	6 x 9 =	0 x 9 =	8 x 9 =	9 x 9 =
8 x 8 =	3 x 7 =	5 x 7 =	4 x 8 =	7 x 9 =	6 x 6 =
9 x 6 =	6 x 7 =	0 x 7 =	7 x 6 =	7 x 7 =	7 x 5 =
5 x 3 =	6 x 5 =	0 x 4 =	7 x 4 =	9 x 4 =	5 x 2 =
9 x 2 =	2 x 4 =	8 x 4 =	3 x 3 =	4 x 5 =	2 x 5 =
5 x 9 =	2 x 9 =	3 x 4 =	9 x 5 =	8 x 2 =	6 x 3 =
8 x 3 =	7 x 2 =	5 x 4 =	6 x 2 =	7 x 3 =	9 x 3 =

Calculer le double

Piste de départ

Une libellule peut voler à 80 km/h alors que l'aigle peut atteindre le double de cette vitesse.

Faire expliciter : calculer le double, c'est multiplier par 2.

Dictée

Calcule le double de chaque nombre.

série 1	**série 2**
4 → 8	7 → 14
9 → 18	10 → 20
8 → 16	12 → 24
3 → 6	15 → 30
21 → 42	33 → 66
14 → 28	16 → 32
25 → 50	31 → 62
34 → 68	18 → 36
23 → 46	11 → 22
81 → 162	93 → 186

Corrigés du livre de l'élève (pp. 86-87)

615 2 12 18 14 6
4 10 0 16 8

616 20 18 14 10 30
50 40 100 200 24

617 28 44 (17 x 2 = 34) 120 80
22 26 32 36 90

618 18 €

619 30 gélules

620 50 €

621 32 pêches

622 16 6 12 2 18
(erreur dans le livre de l'élève)

623 30 20 200 50 100
26 36 40 28 46

624 28 24 70 32 42
110 66 100 88 80

625 60 44 160 64 48
82 120 400 1000 140

626 **a)** 84 – 72 – 68 – 142 – 166
b) 212 – 246 – 428 – 618 – 1 030

627 26 €

628 36 marches

629 44 €

630 120 passagers.

631 76 ans.

632 c) 5 10 20 40 **80**

Évaluation

Calcule le double de chaque nombre.

26 → 52 17 → 34 63 → 126
19 → 38 24 → 48
72 → 144 82 → 164 300 → 600
210 → 420 314 → 628

Calculer le triple

Piste de départ

Un alligator peut atteindre l'âge de 50 ans. Une tortue géante peut atteindre le triple de cet âge.

Faire expliciter :
calculer le triple, c'est multiplier par 3.

Dictée

Calcule le triple de chaque nombre.

série 1	série 2
3 → 9	11 → 33
9 → 27	15 → 45
4 → 12	33 → 66
6 → 18	25 → 75
12 → 36	31 → 93
7 → 21	62 → 186
21 → 63	43 → 129
80 → 240	90 → 270
71 → 213	35 → 105
130 → 390	101 → 303

Corrigés du livre de l'élève (pp. 88-89)

633	12	6	3	18	27
	21	15	24	0	30
634	27	33	21	60	12
	18	36	90	45	24
635	36	15	9	60	21
	30	90	27	150	300

636 60 €

637 36 mm

638 27 km

639 36 œufs

640 45 33

641	30	45	36	33	60
	150	300	66	75	90
642	36	120	90	210	60
	240	150	270	300	180
643	75	300	1 500	600	1 800
	1 200	3 000	9 000	450	600
644	a) 69	96	123	312	336
	b) 615	960	897	1 224	1 620

645 90 km

646 180 pulsations

647 Oui, 210 kg.

648 20 12

Évaluation

Calcule le triple de chaque nombre.

11 → 33 23 → 69 60 → 180
14 → 42 250 → 750
72 → 216 81 → 243 400 → 1 200
210 → 630 309 → 927

Multiplier par 10, 100, 1 000

Piste de départ

Le lac Léman a une superficie de 581 km². En Amérique du Nord, les lacs Michigan et Huron sont environ 100 fois plus étendus. (lac Michigan : 57 994 km² ; lac Huron : 59 573 km²)

Faire découvrir : multiplier par 10, 100, 1 000 c'est ajouter 1, 2 ou 3 zéros.

DICTÉE

série 1	**série 2**
5 x 10 = 50	6 x 100 = 600
12 x 10 = 120	34 x 100 = 3 400
6 x 10 = 60	66 x 100 = 6 600
75 x 10 = 750	51 x 100 = 5 100
18 x 10 = 180	73 x 100 = 7 300
9 x 10 = 90	88 x 100 = 8 800
13 x 10 = 130	6,3 x 100 = 630
61 x 10 = 610	7,6 x 100 = 760
94 x 10 = 940	38,3 x 100 = 3 830
52 x 10 = 520	2 x 100 = 200

série 3	**série 4**
16 x 10 = 160	9 x 1 000 = 9 000
27 x 100 = 2 700	214 x 10 = 2 140
17 x 1 000 = 17 000	302 x 10 = 3 020
24 x 100 = 2 400	26 x 1 000 = 26 000
33 x 10 = 330	34 x 1 000 = 34 000
38 x 1 000 = 38 000	4 x 100 = 400
84 x 10 = 840	21 x 10 = 210
59 x 10 = 590	13 x 1 000 = 13 000
95,7 x 100 = 9 570	56 x 100 = 5 600
79 x 1 000 = 79 000	45,5 x 10 = 455

CORRIGÉS DU LIVRE DE L'ÉLÈVE (PP. 90-91)

649 70 — 90 — 400 — 120 — 2 300
150 — 1 800 — 340 — 4 500 — 3 000

650 310 — 3 700 — 12 000 — 5 500
1 280 — 9 800 — 12 500 — 29 000

651 42 — 6 — 22,5 — 128
1 249 — 228,5 — 17,5 — 1,8

652 480 — 63 — 8 900 — 412,5 — 120
5,5 — 86,9 — 9 600 — 12,8 — 4

653 180 €

654 1 500 €

655 9 €

656 1 450 €

657 0,5 x 10 = 5 — 5 x 100 = 500
4 x 10 = 40 — 40 x 100 = 4 000
2,83 x 10 = 28,3 — 28,3 x 100 = 2 830

658 110 — 210 — 130 — 1 400
23 000 — 7 200 — 4 700 — 490

659 28 — 2,7 — 390 — 283
1 230 — 4 455 — 3 850 — 172

660 285 — 256 — 18,9 — 25,6
16,5 — 125 — 2 — 1 734

661 670 — 24 — 3,9 — 12 050 — 4 155
0,2 — 41,8 — 125,7 — 1 960 — 87

662 900 — 32 — 52 100 — 960 000 — 952
6 — 1249 — 60 — 1 554 — 50

663 850 kg

664 180 marches

665 149 €

666 1 225 €

667 320 m — 400 m

ÉVALUATION

1. 64 x 10 = — 4,8 x 100 =
19 x 10 = — 65 x 1 000 =
9,43 x 10 = — 27,3 x 100 =
1,94 x 100 = — 0,55 x 10 =
34 x 100 = — 1,35 x 1 000 =

2. Rémi a acheté 10 stylos valant 0,39 € pièce. Combien a-t-il payé pour cet achat ?

3. Manu a demandé à son photographe 100 retirages de ses meilleures photos. Chaque retirage est facturé 1,12 €. Combien Manu a-t-il payé pour l'ensemble de ses retirages ?

Corrigés de l'évaluation

1. 640 — 480 — 190 — 65 000
94,3 — 2 730 — 194 — 5,5
3 400 — 1 350

2. 3,90 € **3.** 112 €

Multiplier par des multiples de 10

Piste de départ

La mer Baltique a une profondeur maximale de 450 m. L'océan Atlantique, au large de Porto Rico, est 20 fois plus profond.

En s'appuyant sur la leçon précédente, on découvrira :
13 x 20 = 13 x (2 x 10) = 26 x 10 = 260
13 x 200 = 13 x (2 x 100) = 26 x 100 = 2 600

Dictée

série 1	série 2	série 3
3 x 20 = 60	3 x 30 = 90	3 x 40 = 120
7 x 20 = 140	8 x 30 = 240	8 x 40 = 320
3 x 50 = 150	3 x 60 = 180	3 x 70 = 210
4 x 20 = 80	5 x 30 = 150	4 x 40 = 160
9 x 50 = 450	9 x 60 = 540	9 x 70 = 630
5 x 20 = 100	6 x 30 = 180	7 x 40 = 280
6 x 20 = 120	7 x 30 = 210	8 x 40 = 320
8 x 20 = 160	9 x 30 = 270	9 x 40 = 360
6 x 50 = 300	6 x 60 = 360	6 x 70 = 420
9 x 80 = 720	9 x 90 = 810	10 x 40 = 400

Corrigés du livre de l'élève (pp. 92-93)

668 40 120 80 60 250
80 160 150 120 120

669 100 200 50 180 240
140 360 180 240 300

670 320 270 400 210 180
350 200 400 160 150

671 390 630 1 260 1 590 1 830

672 160 €

673 180 km

674 180 €

675 200 appartements

676

	8 x 80	
6 x 40	240	30 x 8
	20 x 12	

677 160 280 120 210 640
180 360 480 480 490

678 360 540 720 810 240
300 270 720 630 450

679 320 270 450 420 540
630 90 240 350 420

680 440 880 6 000 1 760

681 180 passagers

682 60 €

683 560 pulsations

684 150 min, soit 2 h 30 min.

685
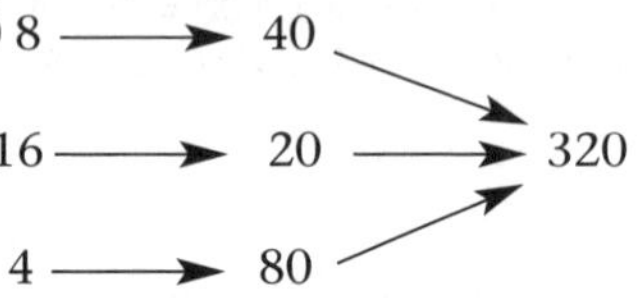

Évaluation

1. 7 x 20 = 8 x 70 = 11 x 40 = 3 x 20 =
9 x 30 = 3 x 90 = 7 x 60 = 3 x 30 =
12 x 20 = 3 x 50 =

2. Multiplie ces nombres par 20 et indique les résultats obtenus.
17 – 30 – 23 – 14 – 31

3. Marie a rangé dans son magasin 40 cartons pesant chacun 6 kg. Quelle masse totale a-t-elle déplacée ?

Corrigés de l'évaluation

1. 140 560 440 60
270 270 420 90
240 150

2. 340 – 600 – 460 – 280 – 620

3. 240 kg

Quotient entier

Piste de départ

Monsieur Pichaud a commandé 48 bouteilles de vin à un propriétaire du Bordelais. Le vin lui sera livré par carton de 6 bouteilles.

On se référera aux tables de multiplication → 54 : 9 = 6 car 9 x 6 = 54

Dictée

série 1	série 2
21 : 3 = 7	45 : 5 = 9
32 : 4 = 8	36 : 6 = 6
24 : 3 = 8	63 : 7 = 9
18 : 2 = 9	64 : 8 = 8
24 : 3 = 8	72 : 9 = 8
12 : 4 = 3	36 : 4 = 9
27 : 3 = 9	42 : 7 = 6
48 : 6 = 8	54 : 9 = 6
35 : 5 = 7	30 : 6 = 5
24 : 3 = 8	48 : 8 = 6

Corrigés du livre de l'élève (p. 94)

686	4	5	3	7	4
	3	3	9	4	8
687	5	7	7	4	7
	6	8	5	4	6
688	6	4	5	7	9
	8	8	4	4	8

689 8 rosiers

690 3 €

691 8 élèves

692 24 : 2 = 12 | 24 : 3 = 8
24 : 4 = 6 | 24 : 6 = 4
24 : 8 = 3 | 24 : 12 = 2

Évaluation

1. 81 : 9 = | 45 : 5 = | 40 : 8 =
32 : 4 = | 27 : 3 =
42 : 7 = | 48 : 6 = | 24 : 3 =
63 : 7 = | 88 : 8 =

2. 28 personnes doivent effectuer un déplacement en voiture. Si l'on compte 4 personnes par voiture, combien de voitures faut-il prévoir ?

3. Huit camarades ont mangé ensemble dans un self-service. Ils doivent régler 72 € et ont tous pris la même chose. Combien chacun doit-il donner ?

Corrigés de l'évaluation

1.	9	9	5	8	9
	6	8	8	9	11

2. 7 voitures

3. 9 €

Division avec reste

Piste de départ

24 enfants se réunissent pour disputer un tournoi de football à 7.

Corrigés du livre de l'élève (pp. 95)

693	10 (r 3)	5 (r 1)	5 (r 0)	4 (r 2)	3 (r 1)
	9 (r 1)	5 (r 3)	6 (r 4)	7 (r 3)	8 (r 2)
694	9 (r 2)	7 (r 1)	7 (r 4)	9 (r 1)	6 (r 2)
	7 (r 5)	8 (r 5)	8 (r 6)	8 (r 1)	9 (r 2)
695	4 (r 3)	8 (r 3)	8 (r 1)	7 (r 5)	9 (r 2)
	5 (r 4)	5 (r 6)	7 (r 6)	8 (r 4)	9 (r 4)

696 4 (r 4)

697 6 (r 3)

698 Il lui faudra 6 casiers et il restera 3 DVD non rangés.

699 29 : 3 = 9, il reste 2 pierres pour lui.

700 15 : 4 = 3 (r 3) ; 32 : 7 = 4 (r 4) ;
26 : 3 = 8 (r 2) ; 3 + 4 + 2 = 9 bonbons

Évaluation

Calcule sans poser l'opération.
Ex : 17 : 3 = 5 (reste 2)

1. 49 : 5 = 64 : 7 = 38 : 9 =
55 : 7 = 78 : 9 =
22 : 8 = 37 : 6 = 61 : 8 =
75 : 8 = 57 : 6 =

2. Un jardinier emballe 50 bulbes de tulipes en sachets de 6 bulbes. Combien de sachets formera-t-il ? Combien de bulbes lui restera-t-il ?

3. Une entreprise expédie des ballons de football par sacs contenant 8 ballons. Elle a 70 ballons en réserve. Combien de sacs préparera-t-elle ? Combien de ballons restera-t-il ?

Corrigés de l'évaluation

1. 9 (r 4) 9 (r 1) 4 (r 2)
7 (r 6) 8 (r 6)
(r 6) 6 (r1) 7 (r 5)
9 (r 3) 9 (r 3)

2. 8 sachets et il restera 2 bulbes.

3. 8 sacs et il restera 6 ballons.

Diviser par 10, 100, 1000

Pistes de départ

• L'Islande a une superficie d'environ 85 000 km^2. L'île de Ré, en Charente-Maritime, est 1 000 fois moins étendue.

• Dix collègues de travail ont joué ensemble au Loto et ont à se répartir équitablement un gain de 1 784,75 euros.

Faire découvrir : diviser par 10, 100, 1 000, c'est avancer la virgule d'un, deux ou trois rangs.
Rappeler qu'un nombre entier est un nombre décimal dont toutes les décimales sont des zéros.

Dictée

série 1	série 2
60 : 10 = 6	257 : 10 = 25,7
90 : 10 = 9	423 : 100 = 4,23
700 : 100 = 7	906 : 10 = 90,6
40 : 10 = 4	1 235 : 1 000 = 1,235
8 000 : 1 000 = 8	948 : 10 = 94,8
3 000 : 100 = 30	4 360 : 10 = 436
45 : 10 = 4,5	7 : 10 = 0,7
320 : 100 = 3,2	263 : 10 = 26,3
6 300 : 1 000 = 6,3	8 285 : 10 = 828,5
60 : 100 = 0,6	5 37 : 10 = 53,7

série 3

38,5 : 10 = 3,85
425 : 100 = 0,425
1 742 : 1 000 = 1,742
23,4 : 100 = 0,234
756,1 : 100 = 7,561
1 450,5 : 100 = 14,505
33,3 : 10 = 3,33
74,19 : 10 = 7,419
1 269 : 1 000 = 1,269
14 : 100 = 0,14

Corrigés du livre de l'élève (pp. 96-97)

701 4 5 2 3 2,7
6 6,7 12,3 2 4

702 4,6 0,9 1,2 45
0,52 0,23 1,93 0,236
2,3 2,54

703 0,45 1,24 0,458 0,21
0,365 0,04 0,399 2,155
0,2348 0,0234

704 15 colis

705 50 billets

706 450 sacs

707 140 fûts

708 12 tables 13 tables

709 0,165

710 3 5,5 3,8 0,59 0,24
7,9 1,12 3 5,29 0,75

711 1,35 0,257 3
0,379 1,2 4,575
0,012 1,258
71,23 1,68

712 0,58 1,42 0,282
0,077 21,76 0,1492
3,181 0,2554
7,3 0,02

713 0,5 g

714 106 €

715 1,55 €

716 1,5 L = 150 cL ; donc 15 cL

717

88 000 000	88 000	880	440	44

Évaluation

1. 75 : 10 = 358 : 10 =
56,2 : 10 = 900 : 10 =
1 450 : 100 = 704 : 100 =
800 : 100 = 804 : 10 =
5 500 : 1 000 =

2. 184 élèves sont réunis pour un tournoi de balle au prisonnier. Si chaque équipe doit être composée de 10 joueurs, combien d'équipes pourra-t-on constituer ? Combien de joueurs restera-t-il pour effectuer des remplacements ?

3. 10 amis qui ont joué ensemble au Loto ont gagné la somme de 1 752,50 €. Quelle somme chacun d'eux recevra-t-il ?

Corrigés de l'évaluation

1. 7,5 – 35,8 – 5,62 – 90 – 14,5 – 7,04 – 8 – 80,4 – 5,5

2. 18 équipes et il restera 4 joueurs.

3. 175,25 €

Calculer la moitié

Piste de départ

En 2001, la population du Danemark était de 5,4 millions d'habitants. En 1910, les Danois étaient moitié moins.

Faire expliciter : calculer la moitié, c'est diviser par 2.

Dictée

Calcule la moitié de chaque nombre.

série 1	**série 2**
8 → 4	62 → 31
24 → 12	180 → 90
44 → 22	86 → 43
60 → 30	25 → 12,5
32 → 16	260 → 130
48 → 24	640 → 320
9 → 4,5	45 → 22,5
17 → 8,5	34 → 17
52 → 26	700 → 350
90 → 45	23 → 11,5

Corrigés du livre de l'élève (p. 98)

718 9 12 14 8 5
20 35 18 13 21

719 7 10 25 16 50
26 44 22 19 32

720 15 33 40 23 45
24 30 34 60 150

721 a) 130 – 500 – 42 – 75 – 32
b) 240 – 1 100 – 335 – 1 900 – 350

722 14 jours

723 42 photographies

724 32 ans

725 84 €

726

960	480	240	120	60

Évaluation

1. Calcule la moitié de chaque nombre.
48 : 2 = 64 : 2 = 70 : 2 =
490 : 2 = 684 : 2 =
19 : 2 = 2 600 : 2 = 850 : 2 =
146 : 2 = 6 842 : 2 =
2. Deux amis partagent équitablement leur note de restaurant qui s'élève à 41 €. Quelle somme chacun va-t-il régler ?
3. Au grand jeu du supermarché, maman a gagné le remboursement de la moitié de la valeur du contenu de son chariot. Maman ayant payé 122,60 €, à combien s'élèvera le montant de son remboursement ?

Corrigés de l'évaluation
1. 24 – 32 – 35 – 245 – 342
9,5 – 1 300 – 425 – 73 – 3 421
2. 20, 5 €
3. 61,30 €

Calculer le tiers

Piste de départ

En 2002, la population de la France était voisine de 60 millions d'habitants. Vers 1720, la population française représentait le tiers de ce nombre.

Faire expliciter : calculer le tiers, c'est diviser par 3.

Dictée

Calcule le tiers de chaque nombre.

série 1	série 2
9 → 3	93 → 31
21 → 7	69 → 23
18 → 6	120 → 40
27 → 9	360 → 120
33 → 11	900 → 300
60 → 20	45 → 15
99 → 33	150 → 50
39 → 13	240 → 80
66 → 22	1 800 → 600
3 → 1	6 300 → 2 100

Corrigés du livre de l'élève (p. 99)

727 9 6 4 8 10
15 11 5 12 20

728 7 25 30 100 22
16 60 70 40 300

729 200 50 150 13 80
24 (315 : 3 = 105)
110 300 90

730 **a)** 220 – 310 – 400 – 3001 – 21
b) 41 – 52 – 112 – 600 – 72

731 70 places

732 60 €

733 150 €

734 110 €

735 Oui : 9 : 3 = 3 chambres ; 3 : 3 = 1 ; il reste donc 2 chambres de 3 lits.

Évaluation

1. Calcule le tiers de chaque nombre.
621 : 3 = 24 : 3 = 213 : 3 =
963 : 3 = 6 324 : 3 =
2. Le tiers des 249 élèves d'une école mange à la cantine. Quel est le nombre d'élèves demi-pensionnaires ?
3. Monsieur Bertheau a choisi de payer ses 1 530 € d'impôts en 3 fois. Quel sera le montant de chaque tiers ?

Corrigés de l'évaluation
1. 207 8 71 321 2 108
2. 83 élèves
3. 510 €

Calculer le quart

Piste de départ

On prévoit qu'en 2030 la population française atteindra 64 millions d'habitants. Les personnes de plus de 65 ans devraient alors représenter le quart de la population.

Faire expliciter : calculer le quart, c'est diviser par 4. On fera remarquer aux élèves que le calcul du quart correspond au calcul de la moitié de la moitié.

Dictée

Calcule le quart de chaque nombre.

série 1	série 2
16 → 4	84 → 21
40 → 10	800 → 200
36 → 9	1 200 → 300
12 → 3	200 → 50
28 → 7	1 000 → 250
44 → 11	820 → 205
8 → 2	1 → 0,25
100 → 25	160 → 40
80 → 20	440 → 110
4 → 1	8,4 → 2,1

Corrigés du livre de l'élève (p. 100)

736 2 3 10 6 4
1 5 7 11 9

737 8 12 15 100 25
11 6 20 30 50

738 40 15 16 250 200
110 150 500 60 90

739 15 €

740 50 €

741 8 €

742 4 km/h

743 12 mm

744 2 m = 200 cm, donc : 50 cm ou 0,50 m

745 8 équipes

Évaluation

1. Calcule le quart de chaque nombre.
80 : 4 = 28 : 4 = 420 : 4 =
600 : 4 = 880 : 4 =
68 : 4 = 320 : 4 = 1 400 : 4 =
8 000 : 4 = 10 : 4 =

2. Dans un village de vacances où résident 280 personnes, un quart d'entre elles partent en excursion en autocar. Combien de personnes participent à cette sortie ?

3. Pattie m'avait emprunté 18 euros. Elle m'a déjà remboursé le quart de cette somme. Combien Pattie m'a-t-elle remboursé ?

Corrigés de l'évaluation

1. 20 7 105 150 220
17 80 350 2 000 2,5

2. 70 personnes

3. 4,50 €

Calculer le cinquième

Piste de départ

Au début du XXIe siècle, le cinquième des 420 000 habitants de la Martinique avait moins de 15 ans.

Faire expliciter : calculer le cinquième, c'est diviser par 5. On fera remarquer aux élèves que le calcul du cinquième correspond au calcul « diviser par 10 et multiplier par 2 ». Proposer les deux méthodes et demander laquelle est la plus simple.

Rappel sur les critères de divisibilité par 5 (0 ou 5 à la fin du dividende).

Dictée

Calcule le cinquième de chaque nombre.

série 1	série 2	série 3
10 → 2	450 → 90	12 → 2,4
25 → 5	35 → 7	33 → 6,6
150 → 30	240 → 48	51 → 10,2
80 → 16	300 → 60	84 → 6,8
70 → 14	4 000 → 800	105 → 21

Corrigés du livre de l'élève (p. 101)

746	1	3	10	8	4
	11	5	9	2	20
747	5	7	50	6	60
	30	40	12	16	70
748	20	14	200	400	90
	80	100	25	250	120

749 40 kg

750 5 élèves

751 10 billets

752 32 km/min

753 24 L/h

754 11 champignons

Évaluation

1. Calcule sans poser l'opération.

50 : 5 =	35 : 5 =	600 : 5 =
75 : 5 =	23 : 5 =	
2 500 : 5 =	150 : 5 =	11 : 5 =
2 : 5 =	320 : 5 =	

2. Cinq étudiants louent un appartement pour un loyer mensuel de 600 €. Combien chaque étudiant doit-il verser pour le paiement du loyer ?

3. Madame Clara devait prendre l'avion avec un bagage pesant au maximum 18 kg. Au pesage, on constate que son bagage affiche un excédent d'un cinquième par rapport au poids autorisé. De quelle masse le bagage de madame Clara est-il en excédent ?

Corrigés de l'évaluation

1.	10	7	120	15	4,6
	500	30	2,2	0,4	64

2. 120 €

3. 3,6 kg

Ordre de grandeur d'un produit

Piste de départ

Mon lave-vaisselle consomme 35 litres d'eau à chaque utilisation. Il fonctionne environ 180 fois par an. La consommation d'eau annuelle de mon lave-vaisselle est d'environ : 700 litres ? 6 000 litres ? 80 000 litres ?

Le but est de montrer aux élèves que le calcul de l'ordre de grandeur d'un résultat revêt deux intérêts : résultat approché dès lors qu'il est suffisant dans la situation donnée, vérification de la plausibilité d'un résultat calculé par calcul posé ou instrumenté.
On retravaillera sur l'arrondi : pour 821, j'arrondis à 800, pour 871, j'arrondis à 900.
172 x 18 ≃ 170 x 20 ≃ 3 400

Corrigés du livre de l'élève (pp. 102-103)

755	40	120	60	150	320
	360	120	490	270	210
756	240	240 ou 300	240	300	150
	630	630	150	180	720
757	200	90	500	420	100
	180	640	280	540	810
758	600	1 800	2 000	2 100	3 600
	2 400	4 800	6 300	6 300	4 900

759 150 €

760 4 800 €

761 1 000 €

762 180 €

763 210 pages

764 1 500 €

765 700 €

766 120 200 450 480 100
180 320 210 800 240

767 1 600 1 600 3 500 3 300 3 400
6 300 1 200 3 800 3 300 1 900

768 6 400 900 4 200 3 000 4 600
2 100 900 3 300 4 800 4 400

769 2 700 30 000 28 000
35 000 30 000

770 40 000 45 000 48 000
42 000 56 000

771 270 €

772 1 600 pages

773 6 000 €

774 4 000 km

775 2 490 cahiers

ÉVALUATION

1. 57 x 4 ≃ 52 x 9 ≃ 745 x 6 ≃
294 x 8 ≃ 312 x 22 ≃
574 x 38 ≃ 189 x 41 ≃ 213 x 59 ≃
687 x 83 ≃ 248 x 65 ≃

2. Une entreprise expédie 381 colis d'une valeur unitaire de 8 €. Quelle est, approximativement, la valeur totale de l'expédition ?

3. Un comité d'entreprise organise une sortie au spectacle et un dîner. 104 personnes sont inscrites et le coût de la soirée est de 69 € par personne. Quel sera, environ, le montant total de la facture ?

Corrigés de l'évaluation

1. 240 450 4 200 2 400 6 000
24 000 8 000 12 000
56 000 14 000

2. 3 000 €

3. 7 000 €

La multiplication : synthèse

CORRIGÉS DU LIVRE DE L'ÉLÈVE (PP. 104-105)

776 63 48 35 54 32
49 12 24 48 56

777 50 46 130 2 500
890 638 95 416 000

778 70 5 800 17,5 501
206 4 720 7 940 45 000

779 10 400 25 93 520 1 530
186 1 150 32 2 109 398

780 216 264 800 3 000 3 100
176 162 56 000 1 200 51 500

781 88 60 75 99 126
407 4 500 200 1 683 4 242

782 1 100 540 9 300 263 291
216 180 9 207 425 156 000

783 12 900 155 240 400 583
1 050 7 600 693 8 800 24

784 17,5 3 5,6 0,83
2,39 4,25 49 8

785 5 320 150 2,6 23 700
22 104 5 1 220

786 6 000 soldats

787 186 ; 279 pages

788 46 000 €

789 995 €

790 160 900 m soit 160,9 km

791 720 g

792 240 L

793 720 heures

794 100 cm soit 1 m

795 95 €

796 78

797 6 x 13 = 78

Développer des stratégies

Pistes de départ

• Il faut utiliser 25 litres d'eau pour fabriquer un litre de bière. Quelle quantité d'eau a-t-on utilisée pour produire 240 litres de bière ?
• Les gorges du Tarn, en France, ont une longueur de 50 km. Les gorges du Colorado, aux États-Unis, sont 16 fois plus longues.
• Une entreprise qui fabrique des stylos les conditionne par boîtes de 25 stylos.
9 000 stylos sont prêts à être expédiés. Combien de boîtes cela représente-t-il ?

L'intérêt est de montrer aux élèves que des opérations qui semblent complexes peuvent se résoudre facilement en appliquant des procédés de calcul appropriés :
– multiplier par 5 → multiplier par 10 et diviser par 2 ;
– diviser par 5 → diviser par 10 et multiplier par 2 ;
– multiplier par 4 → calculer le double, puis encore le double ;
– diviser par 4 → calculer la moitié, puis encore la moitié ;
– multiplier par 11 → multiplier par 10 et ajouter le nombre multiplié → $n \times 11 = (n \times 10) + n$.
On peut également faire remarquer aux enfants que pour multiplier par 11 un nombre à deux chiffres, il suffit d'additionner les deux chiffres et d'écrire le résultat entre les deux chiffres (en additionnant ensuite une éventuelle retenue : 44 x 11 → 4 + 4 = 8 → 484 ;
– multiplier par 9 → multiplier par 10 et retrancher le nombre multiplié à $n \times 9 = (n \times 10) - n$;
– multiplier par 50 → multiplier par 100 et diviser par 2 ;
– multiplier par 25 → multiplier par 100 et diviser par 4 ;
– multiplier par 0,5 → diviser par 2 ;
– multiplier par 0,25 → diviser par 4 ;
– multiplier par 0,1 → diviser par 10 ;
– multiplier par 0,01 → diviser par 100.

Corrigés du livre de l'élève (pp. 106-107)

798	64	310	22	484	700
	12	58	30	96	14
799	84	26	423	420	1 350
	154	990	242	765	561
800	3 388	207	605	75	200
	125	1 200	750	3 100	400
801	650	550	1 500	4 200	2 150
	8,5	5,5	20,5	222	314
802	6,5	43	107	14	
	8,9	31	5,63	8,62	
	42,5	0,84			

803 199 €
804 131 €
805 25 h
806 135 km
807 320 €
808 108 mm
809 473 km
810 325 €
811 3 000 €
812 650 kg
813 4,75 €
814 1,30 €
815 215 : 5 = 43 km
816 24,40 €
817 22,6 L

Évaluation

1.

330 : 5 =	52 x 9 =	45 x 11 =
82 x 50 =	18 x 25 =	
221 x 4 =	54 x 5 =	39 x 9 =
71 x 11 =	168 : 4 =	
74 x 0,1 =	36 x 0,25 =	573 x 0,01 =
840 x 0,5 =	15 x 0,1 =	
26 x 0,5 =	47 x 50 =	612 x 0,25 =
240 x 0,1 =	48 x 25 =	

2. Sur une course pédestre, on a distribué 1 400 bouteilles d'eau de 0,5 litre. Quelle quantité d'eau, en litres, a-t-on distribuée ?
3. Un groupe de 11 personnes séjourne une semaine à l'hôtel. Le prix du séjour pour une personne est de 620 €. Quel sera le montant total à régler pour le groupe ?
4. Le contenu d'un camion chargé de 3 800 kg de marchandises est également réparti entre 5 camionnettes. Quelle masse est chargée sur chaque camionnette ?

Corrigés de l'évaluation

1.

66	468	495	4 100	450
884	270	351	781	42
7,4	9	5,73	420	1,5
13	2 350	153	24	1 200

2. 700 litres **3.** 6 820 € **4.** 760 kg

Ordre de grandeur d'un quotient

Piste de départ

M. et Mme Vialette ont acheté une nouvelle voiture valant 16 380 € qu'ils paieront en 36 mois. Ils paieront donc chaque mois : 45 € ? 455 € ? 4 550 € ?

Corrigés du livre de l'élève (pp. 108-109)

818 1 chiffre pour tous les quotients.

819	2	3	3	3	3
820	2	3	3	2	3
821	3	2	3		
	2	2			
822	2	3	2		
	2	1			

823 moins de 10 €

824 entre 10 et 99

825 moins de 10 h

826 entre 10 et 99 h

827 entre 10 et 99

828 entre 10 et 99

829 au moins 1 000

830 entre 10 et 99

Évaluation

Pour chacune des divisions suivantes, indique le nombre de chiffres du quotient entier.

648 : 9	246 : 5	6 987 : 24
98 798 : 12	654 : 98	
10 223 : 54	1 200 : 7	98 024 : 519
4 515 : 17	713 : 21	

Corrigés de l'évaluation

2 – 1 – 3 – 4 – 2 3 – 3 – 3 – 3 – 2

La division : synthèse

Corrigés du livre de l'élève (pp. 110-111)

831	3	3	9	5	5 (r 1)
	3 (r 4)	5,6	0,55	9	10
832	5	(280 : 4 = 70)	9	8	6 (r 3)
	12,7	4,53	0,38	51	110
833	25	500	90	8 (r 2)	6
	4	0,034	7,7	0,89	90
834	7	9 (r 2)	3	25	3,775
	0,05	9 (r 3)	0,412	0,46	0,209
835	6	6	2 (r 1)	9 (r 1)	9
	5,7	0,006	30	20	9
836	17	13	9	3,7	0,889
	8,3	5 (r 4)	4	10	0,61
837	2,89	5	0,308	0,15	3
	80	30	500	17	120
838	140	450	5 (r 1)	4	10
	7	9	9	4	0,89
839	7,3	20	1	10	75
	110	6	0,46	151	2,5
840	3 (r 1)	2 (r 2)	14	5,67	0,91
	4	5	0,026	110	410

841 10 voyages

842 1 an

843 60 min

844 12 h

845 25 €

V Utiliser les nombres complexes

Piste de départ

Je suis parti de mon domicile il y a 1 h 45 min. Dans 20 min, je serai arrivé à destination. Combien de temps aura duré mon trajet ?

Dictée

série 1	série 2
3 min + 15 s =	3 h 10 min + 50 min =
1 min 45 s + 15 s =	4 h 30 min + 30 min =
2 min 20 s + 30 s =	3 h 20 min + 45 min =
4 min 10 s + 55 s =	2 h 50 min + 20 min =
5 min – 10 s =	1 h – 30 min =

série 3	série 4
3 min – 1 min 20 s =	2 h 10 min – 30 min =
2 min 40 s – 1 min 10 s =	5 h – 4 h 50 min =
30 s x 3 =	2 h 10 min x 2 =
40 s x 3 =	5 min : 2 =
3 min : 2 =	6 h 30 : 2 =

Corrigés du livre de l'élève (p. 114-115)

846

60 s soit 1 min	60 s soit 1 min
50 s	60 min soit 1 h
5 min	60 min soit 1 h
50 min	2 h 25 min
5 h	2 h

847

45 s	15 s
20 min	30 s
15 min	30 min
1 h 15 min	2 h 30 min
45 min	15 min

848

30 s	5 min
90 s soit 1 min 30 s	1 min
120 s soit 2 min	90 min soit 1 h 30 min
90 min soit 1 h 30 min	60 min soit 1 h
3 h	7 h 30 min

849

15 s	30 s
15 s	15 min
12 min	25 min
30 min	20 s
30 min	6 h

850

2 min	180 s
3600 s	90 s
2 h	180 min
4 h	2 j
5 h	1 h 15 min

851

3 h 35 min	3 h 30 min
7 h	9 h 20 min
8 h	

852

1 h 30 min	5 h 15 min
3 h 05 min	7 h 55 min
3 h 50 min	

853

1 h 30 min	1 h	7 h
4 h	10 h	

854 15 min

855 10 h

856 18 h 30 min

857 1 min

858 Londres : 06.09.02 ; 6 h 30 min
Moscou : 06.09.02 ; 9 h 30 min
New York : 06.09.02 ; 1 h 30 min
Sydney : 06.09.02 ; 15 h 30 min

Évaluation

4 min 20 s + 2 min 10 s =
5 h : 2 =
2 h 20 min + 30 min =
8 min 25 s + 35 s =
50 s x 2 =
4 h 15 min + 1 h 30 min =
2 min 40 s + 3 min 20 s =
8 h 30 min x 2 =
16 min – 2 min 15 s =
3 h – 50 min =

Corrigés de l'évaluation

6 min 30 s	2 h 30 min
2 h 50 min	9 min
1 min 40 s	5 h 45 min
6 min	17 h
13 min 45 s	2 h 10 min

VI Synthèse générale

Corrigés du livre de l'élève (pp. 118 à 128)

859 Un peu plus de 3 L
Un peu moins de 10 L
Un peu plus de 6 L
Un peu moins de 13 L

860 209,6 km

861 120 000 + 80 000 = 200 000

862 9 œufs

863 72 ans

864 1 217

865 374 véhicules

866 9,65 km

867 173 et 153 km

868 7 200 — 2 900 — 410
3 800 — 5 400 — 6 100

869 6 500 — 600 — 8 700
200 — 1 700

870 33 – 5 = 28, donc : non.

871 70 m — 60 m

872 300,7 m

873 270 chevaux

874 12 000 paires ou 24 000 chaussures

875 389 — 289 — 468
515 — 1 480

876 30 200 — 332 — 961
924 — 630

877 246 €

878 514 km

879 3 890 — 357 — 824
520 — 1 525

880 517 — 394 — 5,05
8,1 — 20

881 6,1 sur 10

882 1 838 €

883 adulte : (30 + 30) – 57 = 3 €
enfant : (22 + 22) – 40 = 4 €

884 156 — 1 100 — 148 000
0,45 — 4 900

885 17 — 1 221 — 30
69,1 — 4,7 x 100 = 470

886 1 262 kg

887 3 700 cm ; 3,7 dam – 56 hg ; 5,6 kg
0,24 dL ; 24 mL – 4,51 ares ; 45 100 dm^2
5 L ; 500 cL

888 39,39 €

889 1,99 x 8 = 15,92 €

890 45 — 6 237 — 276
8 833 — 62 — 5 600

891 3 360 — 65 — 262 — 1 712

892 59,5 km

893 2 000 €

894 8 011 concurrents

895 1 318 €

896 1 900 — 961 — 1 600
73 520 — 3 721

897 8 600 — 40 — 1 400
24 — 19 200

898 7 m

899 10 étages

900 262,50 €

901 40 cL

902 8 550 — 3 707 — 496
33 — 0,3

903 160 800 — 1 350 — 7 560
45,2 — 250

904 210 €

905 33 €

906 76 €

907 627 — 462 — 42 — 40 — 225

908 520 4,7 7,23 21 600 111

909 À la commande : 700 €
À la livraison : 2 800 €

910 700 cm 420 cm 3 000 mm 0,5 m
80 dm 500 cm 342 mm 42 m
8 250 mm 750 mm

911 1 500 cm = 15 m

912 2,56 m

913 en 1959 ; 66 ans

914 89 €

915 1,72 32 14,4
4 800 15

916 12 cL 1 400 cL 23 mL
12,7 daL 213 daL

917 510 1 850 160
1 364 1 080

918 7 400 dL 0,29 hL 2 400 L
1,2 L 3 250 mL

919 194 L

920 1,48 L

921 150 m^2

922 215 km

923 305 60,7 207
327 700 219

924 7 000 g 3,802 kg 8,24 g
30 g 7 250 mg

925 218 17,3 4 359
188 63 400

926 704 g 10 kg 7 t
2,71 t 3,25 q

927 0,9 kg soit 900 g

928 832 000 m

929 le Rhône : 812 km contre 776 km pour la Seine

930 223 000 points

931 675 1 120 3 240
1 550 25

932 0,15 2 010 5 049
372 567,7

933 5 hL ; 2 500 L

934 15,90 €

935 2,3 km

936 8 voitures

937 2 400 € soit 6 commandes

938 4 444 3 690 360 162
27,5

939 76,4 11,44 34 050
910 3 060

940 150 places

941 3 000 L ; 12 000 L

942 5,25 m

943 1,42 m

944 17 493 670 2 673
120 340

945 7,463 938,6 57,1
2,4 5

946 900 soit 90 t

947 3,3 cL

948 périmètre : 150 m aire : 1 250 m^2

949 aire : 66 m^2 ; demi-périmètre : 17 m ; périmètre : 34 m

950 périmètre : 100 m ; demi-périmètre : 50 m ; aire : 625 m^2

951 35 cm

952 10 cm

953 1,50 m

954 65 cm soit 650 mm

955 demi-périmètre : 80 m ;
périmètre : 160 m ; aire : 1 500 m^2

VII Calcul instrumenté

Corrigés du livre de l'élève (pp. 130 à 132)

956 Je lis : 0 – 1 – 15 – 15 – 5 – 20 – 6 – 68 – 88 – 2 – 27 – 279 – 367

957 Je lis : 0 – 7 – 74 – 748 – 748 – 1 – 16 – 166 – 582

958 103 128

959 (225 + 225) + (225 + 225 + 225) = 1 125
225 x 5 = 1 125. C'est la manière la plus rapide.

960 Je lis : 8 – 8 – 8 – 16 – 24 – 32 – 40 – 48
En appuyant sur =, on obtient l'opération de départ (+ 8).

961 24 – 48 – 72 – 96 – 120 – 144 – 168 – 192 – 216
17 – 48 – 79 – 110 – 141 – 172 – 203 – 234

962 99 – 307 – 539
235 – 2 280 – 3 390
79 – 172 – 273

963 5 125 – 948 = 4177 5 268 : 12 = 439
358 x 3 = 1 074 9 774 : 2 = 4 887

964 Une division est inexacte :
445 : 12 = 37,08.

965 1,25 – 1,8 – 2,35 – 2,9 – 3,45 – 4 – 4,55
9,65 – 9,3 – 8,95 – 8,6 – 8,25 – 7,9 – 7,55

966 99 999 999. Elle affiche E (erreur).

967 163.95223. La calculette affiche erreur car le résultat est plus grand que la capacité d'affichage.

968 72,444444 – 651,99999
Je n'obtiens pas 652 car je multiplie par 9 une valeur arrondie à 6 chiffres après la virgule.

969 Je lis : 0 – 5 – 50 – 50 – 2 – 100 – 100 – 4 – 49 – 49 – 2 – 98 – 98 – 2

970 90 + 15 = 105 230 + 10 + 22 = 262
25 + 125 = 150 272 – (90 + 57) = 125

971 122 – 48 = 74 537 – 52,2 = 484,8
42 x 31 = 1 302 30,8 + 126 + 630 = 786,8

972 5 100 g

973 (15,10 x 3) + (34,50 x 2) =
45,30 + 69 = 114,30

974 50 – (9,80 + 7,50 + 9) =
50 – 26,30 = 23,70

975 22,80 + 15,95 + 7,50 = 46,25
50 – 46,25 = 3,75

976 1 450 + (125 x 6) = 1 450 + 750 = 2 200 kg, soit 2,2 t. La camionnette pourra passer.

VIII Récréations – Prolongements

Corrigés du livre de l'élève (pp. 134 à 143)

977

		1		
		4		
4	2	9	7	3
		5		
		8		

978 7 – 2 = 5 5 x 2 = 10

979 250 + 311 = 561

980 5 + (5 x 2) + (5 x 3) = 30

981 30 **982** 9

983 5 **984** 18 8

985 (4 x 7) + 9 = 37 ; 37 x 10 = 370
(9 x 5) – 1 = 44 ; (44 x 10) + 3 = 443
(5 x 9) + 2 = 47 ; (47 x 10) + 4 = 474
(2 x 5) x 25 = 250 ; (8 x 4) + 7 = 39 ; 250 + 39 = 289

986 763 km

987 4 + (3 x 5) – 1 = 18 ans

988 25 + 38 = 63

989 600 < 660

990 25 x (5 + 9) = 350 ; (8 : 2) + 350 = 354
50 + 25 + 4 = 79 ; 79 x 10 = 790 ; 9 – 2 = 7 ;
790 + 7 = 797
50 x 4 = 200 ; (5 – 1) + (3 x 8) = 28 ;
200 + 28 = 228

991 a = 6 ; b = 29

992 500 + 1 000 = 1 500

993 (5 x 9) – 1 = 44 ; 44 x 10 = 440
(3 x 4) x 3 = 36 ; 36 x 100 = 3 600
(25 x 4) – 2 = 98

994 1 050 > 1 025

995 a = 3

996 25

997 12 14

998 244

999 (6 200 : 2) + 700 = 3 800
Amazone : 6 200 ; Volga = 3 800.

1000 (3 + 3) x 7 = 42 ; 42 x 100 = 4 200
(50 x 10) : 2 = 250 ; 250 + 4 = 254
(25 – 10) x 100 = 1 500 ; (1 500 : 2) – 1 = 749

1001 648 > 628

1002 175 : 5 = 35 ; il aurait dû faire 35 km/h de moyenne : c'est impossible.

1003 vrai

1004 (72 : 6) + 4 = 16

1005 [(130 x 100) – (10 x 25)] + 6 =
(13 000 – 250) + 6 = 12 756 km

1006 76

1007 80

1008 (3 + 1) x 7 = 28 ; (28 x 100) + 7 = 2 807
(10 + 1) x (6 x 5) = 330
(25 – 1) x 10 = 240 ; 240 + 2 = 242

1009 600 < 750

1010 18,5 ans (18 ans et demi)

1011 14 – 5 = 9 ; (9 x 3) + 11 = 38 petits-enfants

1012 8

1013 vrai

1014 181 ans en 2003

1015 127

1016 406

1017 1961 (Youri Gagarine)

1018 (39 : 3) x 10 = 13 x 10 = 130
(5 x 5) x (5 + 5) = 250 ; 250 – 5 = 245
(8 + 1) x 7 = 63 ; 63 x 100 = 6 300
25 x (8 x 10) = 2 000 ; 2 000 – 1 = 1 999

1019 24 < nombres de souriceaux < 48

1020 4 807 – 7) : 4 = 1 200

1021 3,5 > 3,4

1022 240 ans

1023 15

1024 72 g

1025 45

1026 (4 x 2) x 25 = 200 ; 200 + 7 = 207
(9 x 8) : 2 = 36 ; 36 + 100 = 136
(9 x 7) + 1 = 64 ; 64 x 10 = 640
(9 x 9) – 1 = 80 ; 80 x 10 = 800
75 x (10 x 10) = 7 500 ; 7 500 – 1 = 7 499

1027 (60 : 4) = 15 ; 15 x 100 = 1 500 ;
1 500 + 34 = 1 534

1028 45 + 3 = 48 ; 13 + 3 = 16 ; 16 x 3 = 48

1029 80 + 9 = 89 ans

1030 (6 x 5) x (3 x 2) = 30 x 6 = 180 ; 8 – 1 = 7 ;
180 + 7 = 187
(6 x 7) + 5 = 47 ; 47 x 10 = 470 ; 8 : 2 = 4 ;
470 + 4 = 474
75 + 25 + 7 = 107 ; 107 x 9 = 963 ;
963 + 1 = 964

1031 1

1032 3 morceaux

1033 16 h 10 + 1 h 35 = 17 h 45
17 h 45 + 10 min = 17 h 55. Il sera à l'heure.

1034 42

1035 2003 – 1895 = 108 ans

1036 114

1037 19 jours

1038 22 – 79

1039 15 – 50

1040 20 –12

1041

4	40
40	400

1042 10 5 12 4
5 3
25 5 27 9

1043 6 12 15
2 4 5
18 36 45

Imprimé en Belgique par Snel
Dépôt légal : février 2010 – Collection 03 – Édition 07
11/6401/1